建筑工程施工现场标志设置指南与示例

吕舜远　俞宝达　主编
张伟尧　徐国建　王明波　苏天成　副主编
金　健　邓铭庭　主审

中国建筑工业出版社

图书在版编目（CIP）数据

建筑工程施工现场标志设置指南与示例 / 吕舜远，俞宝达主编. — 北京：中国建筑工业出版社，2014.12

ISBN 978-7-112-17494-2

Ⅰ.①建… Ⅱ.①吕…②俞… Ⅲ.①建筑工程 — 施工现场 — 安全标志 Ⅳ.①TU714

中国版本图书馆CIP数据核字（2014）第269802号

本书以现行行业标准《建筑工程施工现场标志设置技术规程》JGJ348-2014为基础，结合该标准编制过程收集的第一手材料，通过对建筑工程施工现场标志的图形、尺寸、颜色、文字说明、制作材料、设置范围以及标志牌内容等不同方面进行详细介绍，全书共6章，内容包括：概论，安全色与标线，安全标志，名称标志，制度标志，标志的使用。本书内容全面，重点突出，实用性强，充分考虑到建筑工程施工现场标志设置的需要。本书既是建筑工程施工现场管理人员的必备参考书，也可供建筑企业管理人员参考学习。

责任编辑：范业庶　王砾瑶
责任设计：张　虹
责任校对：陈晶晶　党　蕾

建筑工程施工现场标志设置指南与示例
吕舜远　俞宝达　主编
张伟尧　徐国建　王明波　苏天成　副主编
金　健　邓铭庭　主审

*

中国建筑工业出版社出版、发行（北京西郊百万庄）
各地新华书店、建筑书店经销
北京京点图文设计有限公司制版
北京盛通印刷股份有限公司印刷

*

开本：787×1092 毫米　1/16　印张：16　字数：355 千字
2015 年3月第一版　2015 年3月第一次印刷
定价：**49.00**元

ISBN 978-7-112-17494-2
（26276）

前　言

建筑工程施工现场标志设置属于施工现场安全文明生产的有效措施之一。随着建筑工程行业的发展，为促进当前建筑施工企业安全生产标准化管理，进一步规范施工现场标志设置，我国先后发布了国家标准《安全色》GB2893-2008、《安全标志及其使用导则》GB2894-2008、《消防安全标志》GB13495 等，对规范安全标志的设置起到了积极的作用。2014 年，住房和城乡建设部发布了行业标准《建筑工程施工现场标志设置技术规程》JGJ348-2014，针对性地提出了建筑工程施工现场标志设置的有关要求，对预防施工安全事故，保障人身和财产安全，规范建筑工程施工现场标志的设置、维护和管理具有重要意义。

近十几年来，在建筑工程施工现场因未对存在的危险因素进行分析并设置标志或标志不明显，时有引起人身伤亡、财产损失的事例出现。现场标志的提示、警示作用已不言而喻。施工现场各类标志的正确合理设置，不仅能对施工管理参与各方、各级负责人、各工种施工人员起到提示、警示作用，而且也是施工现场整体形象的具体体现，直接反映了施工现场的整体管理水平及文明施工程度。

基于上述背景，本书以现行行业标准《建筑工程施工现场标志设置技术规程》JGJ348-2014 为基础，结合该标准编制过程收集的第一手材料，通过对建筑工程施工现场标志的图形、尺寸、颜色、文字说明、制作材料、设置范围以及标志牌内容等不同方面进行详细介绍。内容全面，重点突出，实用性强，充分考虑到建筑工程施工现场标志设置的需要。

本书分 6 章。第 1 章为概论；第 2 章为安全色与标线；第 3 章为安全标志；第 4 章为名称标志；第 5 章为制度标志；第 6 章为标志的使用。

本书在编写过程中，得到了杭州天和建设集团有限公司、重庆建工第三建设有限责任公司、河北省建筑科学研究院、湖南省建筑工程集团总公司、杭州市建设工程质量安全监督总站、浙江省建筑设计研究院、江苏南通六建建设集团有限公司、远扬控股集团股份有限公司、大立建设集团有限公司、东方建设集团有限公司、浙江通达建设集团有限公司、浙江省东海建设有限公司、北城致远集团有限公司、浙江华铁建筑安全科技股份有限公司、大元建业集团股份有限公司、江苏省苏中建设集团股份有限公司、浙江明德建设有限公司、中城建第八工程局有限公司、浙江稠城建筑工程有限公司、中国新兴建设集团有限公司和中国建设教育协会建设机械职业教育专业委员会等单位专家的指导。同时，在编写过程中，参考了相关作者的著作，在此特向他们一并表示谢意。

本书中难免有疏漏和不足之处，敬请专家和读者批评、指正。

目　录

第 1 章　概论

1.1　标志设置的意义

1.1.1　标志的来源

标志的来历，可以追溯到上古时代的“图腾”。那时每个氏族和部落都选用一种认为与自己有特别神秘关系的动物或自然物象作为本氏族或部落的特殊标记（即称之为图腾）。如女娲氏族以蛇为图腾，夏禹的祖先以黄熊为图腾，还有的以太阳、月亮、乌鸦为图腾。最初人们将图腾刻在居住的洞穴和劳动工具上，后来就作为战争和祭祀的标志，成为族旗、族徽。国家产生以后，又演变成国旗、国徽。

古代人们在生产劳动和社会生活中，为方便联系、标示意义、区别事物的种类特征和归属，不断创造和广泛使用各种类型的标记，如路标、村标、碑碣、印信纹章等。广义上说，这些都是标志。在古埃及的墓穴中曾发现带有标志图案的器皿多半是制造者的标志和姓名，后来变化成图案。在古希腊，标志已广泛使用。在罗马和庞贝以及巴勒斯坦的古代建筑物上都曾发现刻有石匠专用的标志，如新月车轮、葡萄叶以及类似的简单图案。中国自从有作坊店铺，就伴有招牌、幌子等标志。在唐代制造的纸张内已有暗纹标志。到宋代，商标的使用已相当普遍。如当时济南专造细针的刘家针铺，就在商品包装上印有兔的图形和“认门前白兔儿为记”字样的商标。欧洲中世纪士兵所戴的盔甲，头盖上都有辨别归属的隐形标记，贵族家族也都有家族的徽记。

在科学技术飞速发展的今天，印刷、摄影、设计和图像传送的作用越来越重要，这种非语言传送的发展具有了和语言传送相抗衡的竞争力量。标志，则是其中一种独特的传送方式。

人们看到烟的上升，就会想到下面有火。烟就是有火的一种自然标记。在通信不发达的时代，人们利用烟（狼烟）作为传送与火的意义有关联的（如火急、紧急、报警求救等）信息的特殊手段。这种人为的“烟”，既是信号，也是一种标志。它升得高，散得慢，形象鲜明，特征显著，人们从很远的地方都能迅速看到。这种非语言传送的速度和效应，是当时的语言和文字传送所不及的。今天，虽然语言和文字传送的手段已十分发达，但像标志这种令公众一目了然，效应快捷，并且不受不同民族、国家语言文字束缚的直观传送方式，更会适应生活节奏不断加快的需要显现其特殊作用，仍然是任何其他传送方式都无法替代的。

标志，是表明事物特征的记号。它以单纯、显著、易识别的物象、图形或文字符号为直观语言，除标示什么、代替什么之外，还具有表达意义、情感和指令行动等作用。

标志，作为人类直观联系的特殊方式，不但在社会活动与生产活动中无处不在，而且对于国家、社会集团乃至个人的根本利益，越来越显示其极重要的独特功用。例如，国旗、国徽作为一个国家形象的标志，具有任何语言和文字都难以确切表达的特殊意义。公共场所标志、交通标志、安全标志、操作标志等，对于指导人们进行有秩序的正常活动、确保生命财产安全，具有直观、快捷的功效。商标、店标、厂标等专用标志对于发展经济，创造经济效益，维护企业和消费者权益等具有重大实用价值和法律保障作用。各种国内外重大活动、会议、运动会以及邮政运输、金融财贸、机关、团体及至个人（图章、签名）等几乎都有表明自己特征的标志，这些标志从各种角度发挥着沟通、交流、宣传作用，推动社会经济、政治、科技、文化的进步，保障各自的权益。随着国际交往的日益频繁，标志的直观、形象、不受语言文字障碍等特性极其有利于国际的交流与应用。因此，国际化标志得以迅速推广和发展，成为视觉传送最有效的手段之一，成为人类共同的一种直观联系工具。

到 21 世纪，公共标志、国际化标志开始在世界普及。随着社会经济、政治、科技、文化的飞跃发展，到现在，经过精心设计从而具有高度实用性和艺术性的标志已被广泛应用于社会一切领域，对人类社会性的发展与进步发挥着巨大作用和影响。一门新兴的科学——“符号标志学”应运而生，已是历史必然。

1.1.2　标志的特征

1. 功用性

标志的本质在于它的功用性。经过艺术设计的标志虽然具有观赏价值，但标志主要不是为了供人观赏，而是为了实用。标志是人们进行生产活动、社会活动必不可少的直观工具。标志有为人类共用的，如公共场所标志、交通标志、安全标志、操作标志等；有为国家、地区、城市、民族、家族专用的旗徽等标志；有为社会团体、企业、任意活动专用的，如会徽、会标、厂标、社标等；有为某种商品产品专用的商标；还有为集体或个人所属物品专用的，如图章、签名、画押、落款、烙印等，都各自具有不可替代的独特功能。具有法律效力的标志尤其兼有维护权益的特殊使命。

2. 识别性

标志最突出的特点是各具独特面貌，易于识别，显示事物自身特征，标示事物间不同的意义、区别与归属是标志的主要功能。各种标志直接关系到国家、集团乃至个人的根本利益，决不能相互雷同、混淆，以免造成错觉。因此，标志必须特征鲜明，令人一眼即可识别，并过目不忘。

3. 显著性

显著是标志又一重要特点，除隐形标志外，绝大多数标志的设置就是要引起人们注意。因此色彩强烈醒目，图形简练清晰，是标志通常具有的特征。

4. 多样性

标志种类繁多，用途广泛，无论从其应用形式，构成形式，表现手段来看，都有着极其丰富的多样性。其应用形式，不仅有平面的（几乎可利用任何物质的平面），还有立体的（如浮雕、圆雕、任意形立体物或利用包装、容器等的特殊式样作标志等）。其构成形式，有直接利用物象的，有以文字符号构成的，有以具象、意象或抽象图形构成的，有以色彩构成的。多数标志是由几种基本形式组合构成的。就表现手段来看，其丰富性和多样性几乎难以概述，而且随着科技、文化、艺术的发展，总在不断创新。

5. 艺术性

凡经过设计的非自然标志都具有某种程度的艺术性。既符合实用要求，又符合美学原则，给予人以美感，是对其艺术性的基本要求。一般来说，艺术性强的标志更能吸引和感染人，给人以强烈和深刻的印象。标志的高度艺术化是时代和文明进步的需要，是人们越来越高的文化素养的体现和审美心理的需要。

6. 准确性

标志无论要说明什么、指示什么，无论是寓意还是象征，其含义必须准确。首先要易懂，符合人们认识心理和认识能力。其次要准确，避免意料之外的多解或误解，尤应注意禁忌。让人在极短时间内一目了然、准确领会无误，这正是标志优于语言、快于语言的长处。

7. 持久性

标志与广告或其他宣传品不同，一般都具有长期使用价值，不轻易改动。

1.1.3　标志标牌的分类

1. 指示牌

其造型能符合并能与所在环境融为一体，能完美诠释自然与人之间的完美结合的标记。

2. 关怀牌

公园关怀牌充分考虑森林公园建设场所与市民的功能性，一般还要在导视系统里宣扬全民健身，包括运动器材的使用方法等。

3. 警示牌

宣扬保护自然，提醒游人注意安全。

4. 介绍牌

景区介绍牌主要介绍旅游景区的特性就在于浏览特性，向游人展示旅游路线及介绍景点，要求符合自然环境的同时要以人为本。

5. 交通牌

是城市道路的向导，是一个城市交通建设必不可少的公共配套设施，是指引方向的眼睛，交通标识显示交通法规及道路信息的图形标识，它可使交通法规得到形象、具体、简明的表达，同时还表达了难以用文字描述的内容，用以管理交通，指示行车方向，以保证道路畅通与行车安全的设施，适用于公路，城市道路以及一切专用公路，具有法令的性质，车辆，行人都必须遵守，城市道路交通牌因此要有优质的质量才能经久耐用。

6. 小区平面图

是居住小区整体规划的一个展示平台，能让更多的业主和来访者清楚明了的了解该楼盘项目的途径之一。

7. 宣传栏 / 公告栏

能为人们提供咨讯信息的窗口，是向人们宣传科技、文化、卫生等知识的窗口，同样，宣传栏也是人们掌握科普知识的一条渠道，它是信息的载体和文化的呈现，也是宣传服务的缩影与文化理念的直观表达。

8. 花草牌

是指树立在花草丛中用于提示行人爱护花草的标识牌，花草牌一般较矮，一般高度在离地面 40 ～ 120cm，预埋件 20 ～ 30 cm 之间，最常用材质为冷板，用于提示公民爱护花草。其造型多样，美观可爱，有动物造型，有花草造型等，色彩多数也比较艳丽，为了能在花草丛中凸显出来，颜色多以暖色为主，或根据该单位的标准色来决定色彩。

9. 楼栋牌

楼栋牌在生活中主要起实用与美化小区环境的作用，设计新颖，制作精美的楼栋牌能提升小区的档次以及住户的品位。楼栋牌的材质也各不相同，如冷板、不锈钢、亚克力板、PVC 板等，文字内容可以采用丝网印刷或立体字的工艺，厚度一般不少于 2cm，安装可以悬挂固定。

10. 单元牌

一般悬挂于楼单元门口，是用于标注单元编号的标识牌，属于楼宇标识牌。单元牌的尺寸一般在 35cm 左右，横版、竖版不一，横版较多。但是如果单元顶部没有空间时，也可以放置在单元门口侧面，如果单元牌没有底板，只有立体字，这种单元牌的尺寸 25cm 左右就可以了。

11. 楼层牌

悬挂于各楼层的上下楼梯口，是用于标注楼层编号的标识牌。它和楼栋牌、单元牌等统属于楼宇标识牌。楼宇标识牌是建筑必备的，在楼房验收时，没有楼宇标识牌就不能通过验收，现在的人不仅关注其实用性，也注重其美观性。

12. 房号牌

又称门牌或户号牌。指固定在住户门口的用来标明住户号码的标识牌。房号牌上一般会标明楼层号码，如 101，就指一楼的 1 号房间。其具有重要的实用性，房号牌一般较小，尺寸多在 160 ～ 280mm 之间，造型都很简单，其中椭圆形和长方形的造型是最为常用，档次不宜过低，现在房号牌多是采用亚克力雕刻或铝合金烤漆丝印的。

1.1.4 标志的发展趋势

1. 历史演变

标志的发展与商业活动有着紧密的联系。先秦典籍记载商祖王亥就曾驾着牛车到黄河北岸进行部落间的商品交易，在那个时期通常都要由“王”率领才能进行这种物品的交换。在这最初的商品交易活动中，已存在着雏形状态的商品标志，很多出土文物中标明了生产者的姓氏、姓名及产地的印章印记，就是我国商标的滥觞。例如，战国中期“物勒工名”

式的铭文，开始大量出现在青铜器上，这类铭文字数一般不多，所记的主要是器物的年份、主管器作的官吏和做器工人的名字等。由于这种名称多出现于商品交流中，因此与现代标志有更多的共同之处。标志发展过程如图 1-1 所示。

(1) 河姆渡遗址太阳纺纹轮　(2) 大汶口文化中的通天符号　(3) 司母戊大方鼎上的铭文　(4) 良渚文化神徽

(5) 蛙图腾　(6) 羊头人标志　(7) 战国烙马印　(8) 汉墓封泥

图 1–1　标志发展过程

始于殷商时期的印章也具有标志的性质。印章在战国时代已普遍使用，最初只是作为交换货物时的凭证，后来多用于盖印封泥，封泥主要是为了封存简犊、公文和函件，起保密作用。在长沙马王堆出土的印章和封泥就有很多：1 号墓有“妾辛追”木印 1 枚。字迹清楚的封泥 30 枚，其中“轪侯家丞”27 枚，“右尉”2 枚，“口买之”1 枚；2 号墓有“长垂相”、“轪侯之印”龟钮婆金铜印各 1 枚，“利苍”玉印 1 枚；3 号墓有带文字的封泥七、八枚，大多为“轪侯家垂”。这些印章和封泥表明了墓主人的身份、地位。现存的战国时期的陶器上也有标明制造者姓氏、产地、所有者等内容的印章印记。虽然印章、印记大多采用文字的方式，但其标志的性质是不容置疑的。

此外，在中国古代漆器、瓷器上也常见有印记。在枝江姚家港出土的西汉早期的漆器底部，有的烙有“成市草”、“市府造”等文字，有的是用针刻“田”、“黄”字样，说明其来自当时著名的漆器产地成都。“田”、“黄”则是漆工的姓氏。这类印记在中国瓷器中更是十分常见。三国时期的青瓷虎子上题有“赤乌十四年会稽上虞师袁谊作”。西晋时期的魂瓶上有“出始宁用此廪宜子孙正厉高陈泉四作”。作为商业用瓷的长沙窑瓷器还出现了宣传用的广告用语，如“郑家小口天下第一”等。此外还有如“油盒”、“陈家美春酒”、“瓦货老行”等实用款名。唐代邢窑白瓷上也可以看到如“王”、“翰林”等款识。宋元时期的款识更加丰富，像北宋时期的名窑龙泉青瓷上的“永清窑记”底款，景德镇青白瓷上的“段家合子记”、“吴家合子记”等款识。这些印记都可以称之为中国古代商标的范例。

北宋时期已开始使用铜版印刷商标广告。在中国历史博物馆里藏有一块当时“济南刘家功夫针铺”用来印刷广告的铜板。这块铜板长18.4cm，宽13.2cm，四周以双线为框，中部是持杵捣臼的一只白兔，两边各有四个楷书阳文“认门前白兔儿为记”。下部有七行楷书阳文，每行四字：“收买上等钢条，造功夫细针，不误宅院使用，客转与贩，别有加饶，请记白。”因其图文并茂，且已具备了现代商标所应具备的各种因素，所以被认为是我国现存最早、最完善的古代商标。此后，随着生产力的不断提高，商标又得到了进一步的发展，除了强调质量等内容的文字图画类商标之外，还出现了为迎合消费者的心理而带有吉祥寓意的商标。例如，药铺门前悬挂的“膏药”牌，上绘黑色圆形“膏药”，下有“双鱼”纹样，寓意药到病除。有的还用“鹤鹿同春”来象征身体健康。此后，元明以至清代中叶由于长期推行“重农抑商”政策，商标的发展并未出现较大的变化。

2. 发展趋势

目前，全世界各地、各领域的标志设计都在不断的发展，但总的来说都遵循如下的规律：

（1）在形式上由繁复逐渐趋于简朴，由沉重逐渐趋于简约。如，耐克（NIKE）的标志。

（2）从二维空间的平面表现到三维空间的立体效果。

（3）由静到动，由理性图案到感性图形，由呆板到充满生机和富于活力的人性化。如，汽车制造业的标志已经从传统复杂的图案转向单纯简洁的几何抽象造型，充分表达了汽车制造业理性和科技的时代感。

标志图形有着极强的象征性和寓意性。象征是为了单纯、准确而快速地表达繁复事物的观念，借助有关的图形来表示其意义，它不仅仅是一种符号，而是更有其特殊的精神与感情的特征。随着社会的发展以及人们审美观念的不断改变，纯平面的标志图形已经不能再演绎更深刻的内涵，只有三维效果表现的具有空间感的标志图形才能满足现代人们的审美意识和视觉感受。释放自我、追求个性、感受时尚的空间变幻、享受丰富的资讯，已成为现代人一种极其强烈的心理和视觉需求，于是人们开始寻求更加多变的图形表现形式来满足这些需求，改写僵化的思维定式，希望有三维效果表现的标志来刺激视觉，为标志设计注入新鲜血液，达到有别于二维平面效果的视觉感受。

近几年来，设计界对如何将标志标识的设计和三维效果的表现完美结合，拓展现代标志设计进行了不懈的探讨和实践，他们在各自的作品中着重强化了三维效果表现与标志的有机结合，其中涌现出了许多优秀的设计作品。这些作品既体现出现代标志标识设计的观念与时尚，又折射出对视觉美感的追求，显示了三维效果在二维平面中表现的艺术魅力。

（1）具象表现形式：

具象表现是忠实于客观物象的自然形态，对客观物象采用经过高度概括与提炼的具象图形进行设计的一种表现形式。它具有鲜明的形象特征，是对现实对象的浓缩与精炼、概括与简化，突出和夸张其本质因素。标志设计的形态不可能像绘画的形式那样强求形似，而是以图形化的方式进行组织处理，抓住对象的精神气质，强化形象的形态特征，简化结构的格局，从而取得和谐之美，形成一种单纯、鲜明的特征来呈现所要表达的具体内容。

标志是一种信息载体，接收对象是广大的人民群众。具象的标志具有图形的通俗性与高度清晰的识别性，表现较为自由，充满个性，容易以清新、明快的视觉形象传达标志的神髓而为广大的人民群众所接受。具象标志表现形式可以分为：人体造型的图形、动物造型的图形、植物造型的图形、器物造型的图形、自然造型的图形等。

（2）抽象表现形式：

抽象表现形式是以抽象的图形符号来表达标志的含义，以理性规划的几何图形或符号为表现形式。现代社会，新型的商品品种日益增多，还有那些提供设备、技术以及资料的机构也越来越多地使用标志。这些标志的设计，如果仍用一般的表现方式是难以完成的，必须创造出一种暗示含义或表示机构的抽象特征的符号。抽象表达方式正适用于此类情况。为了使非形象性转化为可视特征图形，设计者在设计创意时应把表达对象的特征部分抽象出来，可以借助于纯理性抽象形的点、线、面、体来构成象征性或模拟性的形象。抽象形式的标志，单纯地表现对象的感觉和意念，具有深刻的内涵和神秘的意味感。造型简洁，耐人寻味，产生一种理性的秩序感，或具有强烈的现代感和视觉冲击力，给观者以良好的印象和深刻的记忆。抽象的标志表现形式可以分为：圆形标志图形、四方形标志图形、三角形标志图形、多边形标志图形、方向形标志图形等。

（3）文字表现形式：

文字表现是以标志形象与字体组合而成一个整体。标志是一种视觉图形，但文字标志同时具有语言特征和语音形式。文字是一种约定性的记号，它具有视觉性。目前以汉字或以拉丁字母作为设计元素屡见不鲜。现代商业经济的发展，人类文明的演进，为字体设计提供了广泛的选择。文字表现形式有：汉字标志图形、拉丁字母标志图形、数字标志图形。

总结社会和市场形势，标志可大致归纳为以下几个发展趋势。

（1）个性化。

各种标志都在广阔的市场空间中抢占自己的视觉市场，吸引顾客。因此，如何在众多标志中跳出来，易辨、易记、个性化成为新的要求。个性化包括消费市场需求的个性化和来自设计者的个性化。不同的消费者审美取向不同，不同的商品感觉不同，不同的设计师创意不同、表现不同。因此，在多元的平台上，无论对消费市场，还是对设计者来讲，个性化成为不可逆转的一大趋势。

（2）人性化。

19 世纪末以来，由于工业革命以及包豪斯风格的影响，设计倾向于机械化，有大工业时代的冰冷感。随着社会的发展和审美的多元化以及对人的关注，人性化成为设计中的重要因素。正如美国著名的工业设计家、设计史学家、设计教育家普罗斯所言："人们总以为设计有三维：美学、技术、经济，然而，更重要的是第四维：人性！"标志也是如此，应根据心理需求和视觉喜好在造型和色彩等方面趋向人性化，具有针对性。

（3）信息化。

信息化时代的特征，使现在的标志与以往不同，除表明品牌或企业属性外，标志还要求有更丰富的视觉效果、更生动的造型、更适合消费心理的形象和色彩元素等。同时，通过整合企业多方面的综合信息进行自我独特设计语言的翻译和创造，使标志不仅能够形象贴切地表达企业理念和企业精神，还能够配合市场对消费者进行视觉刺激和吸引，协助宣传和销售。标志成为信息发出者和信息接收者之间的视觉联系纽带和桥梁，因此，信息含量的分析准确与否，成为标志取胜的途径。

（4）多元化。

意识形态的多元化，使标志的艺术表现方式日趋多元化：有二维平面形式，也有半立体的浮雕凹凸形式；有立体标志，也有动态的霓虹标志；有写实标志，也有写意标志；有严谨的标志，也有概念性标志。随着网络科技的进步和电子商务的发展，网络标志成为日益盛行的新的标志形态。

1.2 建筑工程施工现场标志设置的必要性

1.2.1 安全文明施工的需要

施工现场的管理与文明施工是安全生产的重要组成部分。安全生产是树立以人为本的管理理念，保护社会弱势群体的重要体现；文明施工是现代化施工的一个重要标志，是施工企业一项基础性的管理工作，坚持文明施工具有重要意义。安全生产与文明施工是相辅相成的，建筑施工安全生产不但要保证职工的生命财产安全，同时要加强现场管理，保证施工井然有序，改变过去脏乱差的面貌，对提高投资效益和保证工程质量也具有深远意义。

规范施工现场安全标志和安全防护标志设施的设置，对加强建筑工程施工现场的安全管理，防止施工安全事故，保障人身和财产安全有着重要意义。

为认真贯彻“安全第一、预防为主、综合治理”的方针，规范工程建设、勘察、设计、施工、监理等工程参建主体行为，加强建筑施工安全生产监督管理，进一步提高建筑工程质量，要在建筑施工现场推行设置信息公示牌、质量问题及安全生产隐患警示牌、建筑工程质量责任主体永久性标牌等工程管理信息标牌。

1. 工程管理信息标牌种类及设置要求

（1）参建单位管理人员信息公示牌。工程开工后至竣工前，工程建设、监理、施工单位应将有关人员的信息进行公示，由建设单位在建筑施工现场的明显位置设置参建单位管理人员信息公示牌。

（2）质量问题及安全生产隐患警示牌。工程开工后至竣工前，施工单位应在施工现场的明显位置设置质量问题及安全生产隐患警示牌，警示牌应采用坚固、耐久并具有防雨防潮功能的材料制作，尺寸宜为600mm（宽）×800mm（高）。施工单位可根据工程实际需要另外添加警示内容。

（3）建筑工程质量责任主体永久性标牌。按照住建部第5号令《房屋建筑和市政基础设施工程质量监督管理规定》要求，工程竣工验收前，建设单位应当在建筑物明显部位设置永久性标牌，载明建设、勘察、设计、施工、监理单位等工程质量责任主体的名称和主要责任人姓名。永久性标牌宜采用花岗石制作，规格尺寸不应小于 500mm（高）×700mm（宽）。

2. 有关要求

（1）工程参建单位要高度重视参建单位管理人员信息公示等标牌和建筑工程质量责任主体永久性标牌的建立和设置工作，不得以任何理由推诿和延误此项工作的开展；公示牌、警示牌和永久性标牌要严格按照要求设置，不得自行制定标牌乱设、乱放。

（2）行政区域内所有建筑工程均应严格按照要求执行。在建工程信息公示标牌设置不达标的，应重新进行规范设置。

（3）工程质量安全监督机构应加强监督检查，对不按要求制作并设置标牌的，及时督促整改，对经督促仍不按要求整改的，应责令停工整改。

（4）建筑施工现场建筑节能信息公示牌、五牌一图、两栏一报、现场安全警示标志等其他标牌的设置按照有关规定执行。

（5）施工单位应针对警示内容，依据有关技术标准及规范性文件的要求，制定有效的预防预控措施，加强施工过程控制，将警示内容真正落到实处，切实保证工程质量与安全。

1.2.2　施工总平面布置的需要

科学合理的施工平面布置不仅可以提高生产效率，还可以减少成本，保证工程质量、进度和安全等。不合理的施工平面布置将施工秩序变得繁琐复杂，难于管理，使部分工作无法按正常的工序进行，从而降低生产效率，增加施工成本。施工平面布置的重要性和必要性早已受到工程施工管理人员的普遍关注。根据施工范围的大小，施工平面布置可分为施工总平面布置和单位工程施工平面布置。施工总平面布置是指整个工程建设项目的施工场地总平面布置，是全工地施工部署在空间上的反映。单位工程施工平面布置是针对单位工程施工而进行的施工场地平面布置。科学合理的施工平面布置原则、内容和详尽程度等不尽一致。

（1）主入口处应设置大门，高度与围墙相适应，宽度不宜小于 5m。大门内侧应设置门卫室，其内张贴门卫制度。大门外侧应当在围墙醒目处悬挂五牌一图，包括工程概况牌、组织网络牌、消防保卫牌、安全生产牌、文明施工管理牌和施工总平面布置图。

（2）施工现场应当在适当位置悬挂质量管理、安全生产和文明施工标语，危险区域应当设置危险警示标牌和警示灯。标语和标牌要规范、整齐、美观。

第2章　安全色与标线

2.1　安全色

不同的颜色具有不同的感受，人们正是利用这些感受来进行色彩的调节，采用安全色彩来制定各种“安全标志”，服务于生产，服务于人们。

安全色和安全标志是用特定的颜色和标志，从保证安全需要出发，采用一定的形象醒目的形式给人们以提示、提醒、指示、警告或命令。安全色标是企业职工在生产上的安全用语，我国在1982年颁布了《安全色》和《安全标志》的国家标准，其目的是使人们迅速地发现或分辨出安全标志，避免进入危险场所或作出有危险的行为。一旦遇到紧急情况时，就能及时、正确地采取应急措施或安全撤离现场；还可以提醒我们在生产和生活过程中要遵纪守法，小心谨慎，注意安全。

在日常生活中，无论在城市或农村，在工厂或公共场所，我们都经常看到各种各样的安全色标。如公共交通路口的红、黄、绿指示灯；铁路和公路交叉地方看到的红、白相间或黄、黑相间的防护栏杆；桥梁两端竖立的不准超重的指示牌；工厂或公共场所常见的禁止吸烟、当心触电和太平门、安全通道等安全标志。在建筑施工现场，为确保施工秩序和施工安全，也设立有大量的安全标志。本节的目的是让安全员和相关人员熟练地掌握、认识各种安全色，并正确使用。

2.1.1　安全色的含义

不同的颜色给人以不同的感受，如人们看到红色的火焰，就感到危险；看到人体流出的红色鲜血，就感到恐怖；但看到碧绿、广阔的原野和森林，蔚蓝的天空，就感到心情舒畅、平静。安全色就是根据颜色使人们产生的不同感受的这个特性来确定的。

安全色是表达“禁止”、“警告”、“指令”和“提示”等安全信息含义的颜色，必须要求引人注目和辨认简易。我国的现行国家标准《安全色》GB2893采用红、黄、蓝、绿四种颜色。参考色样如图2-1所示，这四种颜色的特性如下：

1. 红色

传递禁止、停止、危险或提示消防设备、设施的信息。

2. 蓝色

传递必须遵守规定的指令性信息。

3. 黄色

传递注意、警告的信息。

4. 绿色

传递安全的提示性信息。

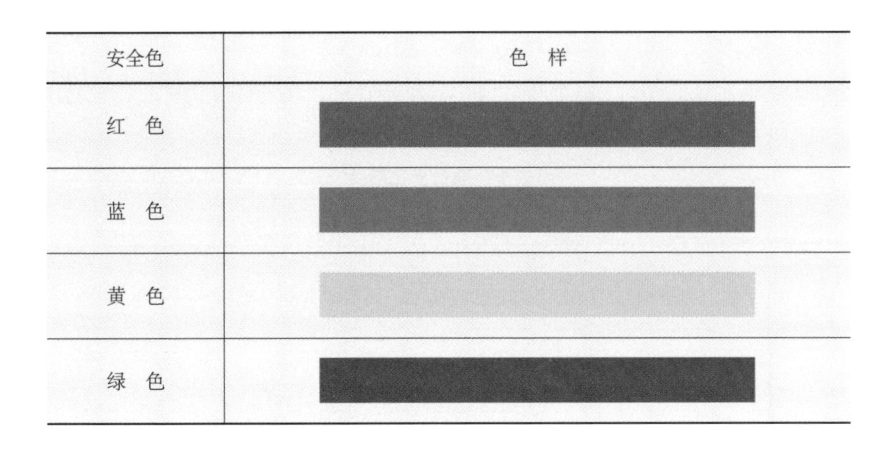

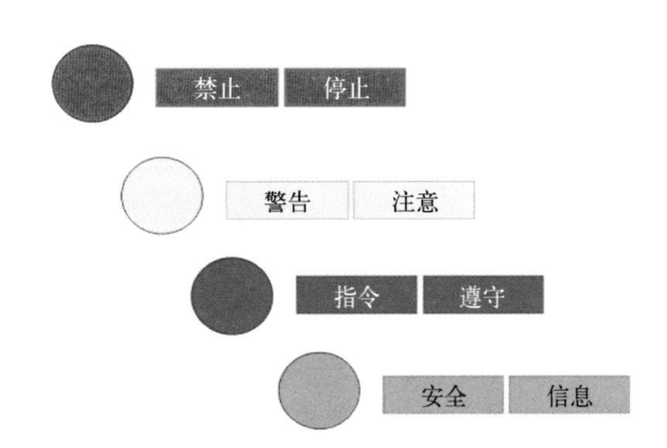

图 2-1　参考色样

为了把安全色衬托得更加醒目，规范规定用白色和黑色作为安全色的对比色，黄色的对比色为黑色，红、蓝、绿色的对比色为白色。如道路上的防护栏杆用红白相间或黄黑相间的条纹标志，显得更加醒目。

间隔条纹标志的含义和用途见表 2-1。

间隔条纹标志的含义和用途　　**表2-1**

颜色	含义	用途举例
红色与白色	禁止越过	交通上用的防护栏杆
黄色与黑色	警告危险	工矿企业内部的防护栏杆 吊车吊钩的滑轮架 铁路和公路交叉道路口上的防护栏杆

2.1.2 安全色的用途

安全色是表达安全信息含义的颜色，它具有以下两个特点：

（1）安全色的应用必须是以表示安全为目的，如不是表示安全为目的，即使应用了红、蓝、黄、绿四种颜色，也只能叫做颜色，不能叫做安全色，如安全帽上涂的红色，只是颜色，不是安全色。

（2）安全色有规定的范围，超出规定则不属安全色。安全色的含义和用途见表 2-2。

安全色的含义和用途　　表2-2

颜色	含义	用途举例
红色	禁止 停止 红色也表示防火	禁止标志 停止信号：机器、车辆上的紧急停止手柄或按钮，以及禁止人们触动的部分，如消防车、消防器材的颜色
蓝色	指令 必须遵守的规定	指令标志 指令标志：如必须佩戴个人防护用具；道路上指引车辆和行人行驶方向的指令
黄色	警告 注意	警告标志 警告标志：如厂内危险机器和坑池边周围的警戒线；行车道中线；机械齿轮箱内部；安全帽
绿色	提示 安全状态通行	提示标志 车间内的安全通道；行人和车辆通行标志；消防设备和其他安全保护设备的位置

2.2 标线

2.2.1 施工标线

施工标线可由黄黑、红黄、红白相间斜线组成，也可由红白相间的直线组成，或由黄色直线组成。标线的线段宽度可根据现场需要确定，但不应少于 15mm。

建筑工程施工现场标线的图形、名称、设置范围和地点宜符合表 2-3 的规定。

标线　　表2-3

序号	图形	名称	设置范围和地点
1		禁止跨越标线	危险区域的地面
2		警告标线（斜线，倾角为45°）	
3		警告标线（斜线，倾角为45°）	易发生危险或可能存在危险的区域，设在固定设施或建（构）筑物上
4		警告标线（斜线，倾角为45°）	
5		警告标线	易发生危险或可能存在危险的区域，设在移动设施上
6	高压危险	禁止带	危险区域

2.2.2　施工道路标线的分类

标线是以规定的线条、箭头、文字、立面标记、凸起路标或其他导向装置，画于路面或其他设施上，用以管制引导交通和分散交通流量的设施。它将道路的种种固定基础情报传达给车辆和行人，特别是对驾驶员尤为重要。

交通标线主要画设于道路表面，要经受日晒雨淋，风雪冰冻，遭受车辆的冲击磨耗，因此对其性能有严格的要求。首先，要求干燥时间短，操作简单，以减少交通干扰；其次，要求反射能力强，色彩鲜明，反光度强，使白天、夜晚都有良好的能见度；第三，应具有抗滑性和耐磨性，以保证行车安全和使用寿命。

1. 按设置方式

可分为以下三类：

（1）纵向标线。沿道路行车方向设置的标线。

（2）横向标线。与道路行车方向成角度设置的标线。

（3）其他标线。字符标记或其他形式标线。

2. 按功能

可分为以下三类：

（1）指示标线。指示车行道、行车方向、路面边缘、人行道等设施的标线。

（2）禁止标线。告示道路交通的遵行、禁止、限制等特殊规定，车辆驾驶人及行人需严格遵守的标线。

（3）警告标线。促使车辆驾驶人及行人了解道路上的特殊情况，提高警觉，准备防范应变措施的标线。

3. 按形态

可分为以下四类：

（1）线条。标画于路面、缘石或立面上的实线或虚线。

（2）字符标记。标画于路面上的文字、数字及各种图形符号。

（3）凸起路标。安装于路面上用于标示车道分界、边缘、分合流、弯道、危险路段、路宽变化、路面障碍物位置的反光或不反光体。

（4）路边线轮廓标。安装于道路两侧，用以指示道路的方向、车行道边界轮廓的反光柱（或片）。

4. 按标线区分

（1）白色虚线。画于路段中时，用以分隔同向行驶的交通流或作为行车安全距离识别线；画于路口时，用以引导车辆行进。

（2）白色实线。画于路段中时，用以分隔同向行驶的机动车和非机动车，或指示车行道的边缘；设于路口时，可用作导向车道线或停止线。

（3）黄色虚线。画于路段中时，用以分隔对向行驶的交通流。画于路侧或缘石上时，用以禁止车辆长时间在路边停放。

（4）黄色实线。画于路段中时，用以分隔对向行驶的交通流；画于路侧或缘石上时，用以禁止车辆长时间或临时在路边停放。

（5）双白虚线。画于路口时，作为减速让行线；设于路段中时，作为行车方向随时间改变的可变车道线。

（6）双黄实线。画于路段中时，用以分隔对向行驶的交通流。

（7）黄色虚实线。画于路段中时，用以分隔对向行驶的交通流。黄色实线一侧禁止车辆超车、跨越或回转，黄色虚线一侧在保证安全的情况下准许车辆超车、跨越或回转。

（8）双白实线。画于路口时，作为停车让行线。

5. 按标线材料

（1）溶剂型涂料标线。

（2）热熔型涂料标线。

（3）水性涂料标线。

（4）双组分涂料标线。

（5）预成型标线带标线。

（6）冷塑型涂料标线。

6. 按标线用途

（1）非反光标线。

（2）反光标线。

（3）突起振动标线。

（4）防滑标线。

（5）雨夜标线。

（6）其他标线。

根据国家标准《道路交通标志和标线》GB5768-2009 的规定，我国现行的道路交通标线分为：指示标线、禁止标线和警告标线 3 类。

2.2.3 标线性能规定

（1）交通标线材料应有良好的耐久性、施工方便性和经济性，在白天和晚上均应有良好的可视性。

（2）设置于路面的交通标线应使用抗滑材料。

（3）施工控制规定：

1）应对施工期间的登高、吊装、运输、化学材料的加工等采取相应安全保障措施。

2）应严格按照施工工序施工，制定完备的质量管理体制和监督手段，确保施工工程质量。

3）施工应遵循以下程序进行：施工准备工作；现场施工，完成材料检测、基础预埋、安装、调整等工作；施工质量验收。

4）施工准备工作应完成：技术准备、物资准备、劳动准备、施工组织设计、施工现场及周边安全准备。应熟悉施工图纸，拟定施工大纲，了解现场管线埋设情况，配备必要的施工人员、机具材料等。

5）现场施工应完成标志施工的现场定位、基础埋设及回填、标志安装调整等；标线施工的施工作业区保护、放样、路面清理、划制、施工作业区撤除等工作。

6）应对深基坑进行必要的安全防护；挖完基坑产生的废土应及时清理，不得污染道路路面；标志板面应保持干净，安装成形的标志高度和角度应符合规范和设计的要求。

7）应结合选用的标线材料确定标线的施工计划；画制标线的路面应保持整洁，不得留有砂粒、旧标线等；采用具有挥发性气体的标线材料施工时，应对现场人员采取相应的保护措施。

第 3 章　安全标志

3.1　通用安全标志

安全标志由安全色、几何图形和符号构成。其目的是要引起人们对不安全因素、不安全环境的注意，预防事故的发生。建筑施工人员必须熟悉各种安全标志的含义和使用方法，在施工现场及时、正确地在正确的位置使用正确的安全标志。

安全标志必须含义简明，清晰易辨，引人注目，使人一目了然，避免使用过多的文字说明。在国家标准《安全标志及其使用导则》GB2894-2008 中，共规定了四大类（即禁止、警告、提示和指令）56 个安全标志。

除了上述四种基本的安全标志外，还有若干“补充标志”，这些补充标志在每个安全标志的下方标明文字、补充说明安全标志的含义，有利于人们逐渐熟悉和掌握国家标准的含义。

关于补充标志的规定，参见表 3-1。

补充标志的有关规定　　表3-1

补充标志的写法	编写	竖写
背景	禁止标志—红色 警告标志—白色 指令标志—蓝色	白色
文字颜色	禁止标志—白色 警告标志—黑色 指令标志—白色	黑色
字体部位形状、尺寸	粗等线体 在标志的下方，可以和标志连在一起，也可以分开，成为长方形	粗等线体在标志杆的50mm上

目前，建筑施工现场存在安全标志少且乱的现象，很多危险的部位和要求施工人员特别注意的地方没有安全标志；有安全标志的地方，其图形和颜色不按国家规范制作，而是各行其是、五花八门，起不到安全标志的作用。为规范安全标志设置充分发挥安全标志的作用，应特别强调以下几点：

（1）安全标志应以公司为单位，按国家标准统一制作、统一发放。对于各工地随意制作的错误做法应坚决纠正。

（2）安全标志应使用坚固耐用的材料制作，如金属、塑料板、木板等，也可直接画在墙壁或机具上。

(3) 安全标志要设在醒目与安全有关的地方，并安放牢固。使过往的人员有方便的视点和足够的时间来注意它表示的内容。

(4) 安全标志每半年至少检查一次，发现有变形、破损或图形符号脱落以及掉色等，应及时修整或更换。

3.1.1　禁止标志

禁止标志为圆形内画一斜杠，并用红色描画成较粗的圆环，即表示“禁止”或“不允许”的含义。

禁止标志的基本形状是带斜杠的圆边框，文字辅写框在其正下方。其颜色为白底、红圈、红斜杠、黑图形符号；文字辅助标志为红底白字。我国规定的禁止标志共 41 个（表 3-3），其基本形式如图 3-1 所示。

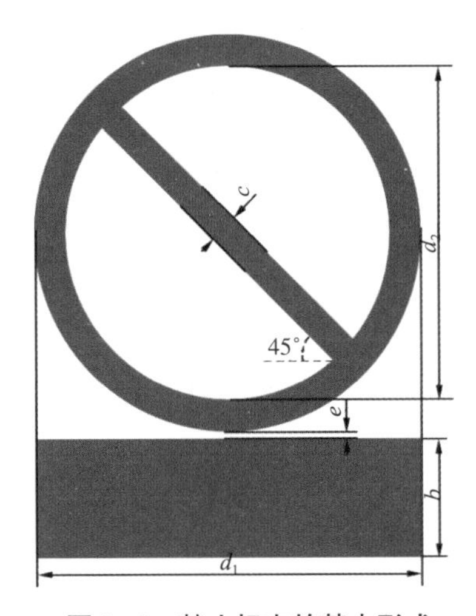

图 3–1　禁止标志的基本形式

1. 禁止标志的基本尺寸

禁止标志的尺寸宜根据最大观察距离确定，应符合表 3-2 的规定。

禁止标志尺寸与最大观察距离的关系　　表3-2

观察距离 标志尺寸	10m	15m	20m
标志外径d_1　(mm)	250	375	500
内径d_2　(mm)	200	300	400
文字辅助标志宽b　(mm)	75	115	150
斜杠宽度c　(mm)	20	30	40
间隙宽度e　(mm)	5	10	10

2. 建筑工程施工现场禁止标志

施工现场禁止标志应符合表 3-3 的规定。

禁止标志　　表3-3

序号	名称	图形符号	设置范围和地点
1	禁止通行	禁止通行	封闭施工区域和有潜在危险的区域
2	禁止停留	禁止停留	存在对人体有危害因素的作业场所
3	禁止跨越	禁止跨越	施工沟槽等禁止跨越的场所
4	禁止跳下	禁止跳下	脚手架等禁止跳下的场所
5	禁止入内	禁止入内	禁止非工作人员入内和易造成事故或对人员产生伤害的场所
6	禁止吊物下通行	禁止吊物下通行	有吊物或吊装操作的场所

续表

序号	名称	图形符号	设置范围和地点
7	禁止攀登	禁止攀登	禁止攀登的桩机、变压器等危险场所
8	禁止靠近	禁止靠近	禁止靠近的变压器等危险区域
9	禁止乘人	禁止乘人	禁止乘人的货物提升设备
10	禁止踩踏	禁止踩踏	禁止踩踏的现浇混凝土等区域
11	禁止吸烟	禁止吸烟	禁止吸烟的木工加工场等场所
12	禁止烟火	禁止烟火	禁止烟火的油罐、木工加工场等场所

续表

序号	名称	图形符号	设置范围和地点
13	禁止放易燃物		禁止存放易燃物的场所
14	禁止用水灭火		禁止用水灭火的发电机、配电房等场所
15	禁止启闭		禁止启闭的电器设备处
16	禁止合闸		禁止电气设备及移动电源开关处
17	禁止转动		检修或专人操作的设备附近
18	禁止触摸		禁止触摸的设备或物体附近

续表

序号	名称	图形符号	设置范围和地点
19	禁止戴手套	禁止戴手套	戴手套易造成手部伤害的作业地点
20	禁止堆放	禁止堆放	堆放物资影响安全的场所
21	禁止带火种	禁止带火种	有易燃易爆物的地方
22	禁止抛物	禁止抛物	抛物易伤人的地方
23	禁止伸入	禁止伸入	易于夹住身体某部位的装置或场所
24	禁止蹬踏	禁止蹬踏	高温、腐蚀性、塌陷、坠落、翻转、易损等易于造成人员伤害的设备设施表面

续表

序号	名称	图形符号	设置范围和地点
25	禁止坐卧	禁止坐卧	高温、腐蚀性、塌陷、坠落、翻转、易损等易于造成人员伤害的设备设施表面
26	禁止推动	禁止推动	易于倾倒的装置或设备，如车站屏蔽门等
27	禁止穿化纤服装	禁止穿化纤服装	有静电火花会导致灾害或有炽热物质的作业场所，如冶炼、焊接及有易燃易爆物质的场所等
28	禁止依靠	禁止依靠	不能依靠的地点或部位，如列车车门、站台屏蔽门、电梯轿门等
29	禁止游泳	禁止游泳	禁止游泳的水域
30	禁止滑冰	禁止滑冰	禁止滑冰的场所

续表

序号	名称	图形符号	设置范围和地点
31	禁止伸出窗外	禁止伸出窗外	易于造成头、手伤害的部位或场所，如公交车窗、火车车窗等
32	禁止叉车和厂内机动车通行	禁止叉车和厂内机动车通行	禁止叉车和其他厂内机动车辆通行的场所
33	禁止开启无线通信设备	禁止开启无线通信设备	火灾、爆炸场所以及可能产生电磁干扰的场所，如加油站、飞行中的航天器、油库、化工装置区等
34	禁止携带托运易燃易爆物品	禁止携带托运易燃易爆物品	不能携带和托运易燃、易爆物品及其他危险品的场所或交通工具，如火车、飞机、地铁等
35	禁止携带托运放射性及磁性物品	禁止携带托运放射性及磁性物品	不能携带托运放射性及磁性物品的场所或交通工具，如火车、飞机、地铁等
36	禁止携带托运有毒物品及有害液体	禁止携带托运有毒物品及有害液体	不能携带托运有毒物品及有害液体的场所或交通工具，如火车、飞机、地铁等

续表

序号	名称	图形符号	设置范围和地点
37	禁止佩戴心脏起搏器者靠近标志	禁止佩戴心脏起搏器者靠近标志	安装人工起搏器者禁止靠近高压设备、大型电机、发电机、电动机、雷达和有强磁场设备等
38	禁止携带武器及仿真武器	禁止携带武器及仿真武器	不能携带和托运武器、凶器和仿真武器的场所或交通工具，如飞机等
39	禁止携带金属物或手表	禁止携带金属物或手表	易受到金属物品干扰的微波和电磁场所，如磁共振室等
40	禁止植入金属材料者靠近	禁止植入金属材料者靠近	易受到金属物品干扰的微波和电磁场所，如磁共振室等
41	禁止饮用	禁止饮用	禁止饮用水的开关处，如，循环水、工业用水、污染水等

3.1.2 警告标志

警告标志用以警告人们注意可能发生的各种各样的危险。

警告标志的基本形状为等边三角形，顶角朝上，文字辅助标志在其正下方。其颜色为黄底、黑边、黑图形符号；文字辅助标志为白底黑字。我国规定的警告标志有 43 个(表 3-5)。其基本形式如图 3-2 所示。

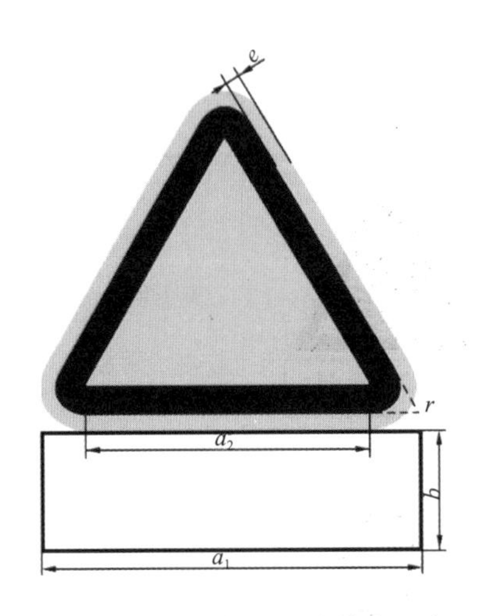

图 3–2　警告标志的基本形式

1. 警告标志的基本尺寸

警告标志的基本尺寸宜根据最大观察距离确定，并符合表 3-4 的规定。

警告标志尺寸与最大观察距离的关系　表3-4

标志尺寸 ＼ 观察距离	10m	15m	20m
三角形外边长a_1（mm）	340	510	680
三角形内边长a_2（mm）	240	360	480
文字辅助标志宽b（mm）	100	150	200
黑边圆角半径r（mm）	20	30	40
黄色衬边宽度e（mm）	10	15	15

2. 建筑工程施工现场警告标志

施工现场警告标志应符合表 3-5 的规定。

警告标志　表3-5

序号	名称	图形符号	设置范围和地点
1	注意安全	注意安全	易造成人员伤害的场所

续表

序号	名称	图形符号	设置范围和地点
2	当心爆炸	当心爆炸	易发生爆炸危险的场所
3	当心火灾	当心火灾	易发生火灾的危险场所
4	当心触电	当心触电	有可能发生触电危险的场所
5	注意避雷	避雷装置 注意避雷	易发生雷电电击区域
6	当心电缆	当心电缆	电缆埋设处的施工区域
7	当心坠落	当心坠落	易发生坠落事故的作业场所

续表

序号	名称	图形符号	设置范围和地点
8	当心碰头	当心碰头	易碰头的施工区域
9	当心绊倒	当心绊倒	地面高低不平易绊倒的场所
10	当心障碍物	当心障碍物	地面有障碍物并易造成人的伤害的场所
11	当心跌落	当心跌落	建筑物边沿、基坑边沿等易跌落场所
12	当心滑倒	当心滑倒	易滑倒场所
13	当心坑洞	当心坑洞	有坑洞易造成伤害的作业场所

续表

序号	名称	图形符号	设置范围和地点
14	当心塌方	当心塌方	有塌方危险区域
15	当心冒顶	当心冒顶	有冒顶危险的作业场所
16	当心吊物	当心吊物	有吊物作业的场所
17	当心伤手	当心伤手	易造成手部伤害的场所
18	当心机器伤人	当心机器伤人	易发生机械卷入、轧压、碾压、剪切等机械伤害的作业场所
19	当心扎脚	当心扎脚	易造成足部伤害的场所

续表

序号	名称	图形符号	设置范围和地点
20	当心落物	当心落物	易发生落物危险的区域
21	当心车辆	当心车辆	车、人混合行走的区域
22	当心噪声	当心噪声	噪声较大易对人体造成伤害的场所
23	注意通风	注意通风	通风不良的有限空间
24	当心飞溅	当心飞溅	有飞溅物质的场所
25	当心自动启动	当心自动启动	配有自动启动装置的设备处

续表

序号	名称	图形符号	设置范围和地点
26	当心火车		厂内铁路与道路平交路口、厂（矿）内铁路运输线等
27	当心激光		有激光产品和生产、使用、维修激光产品的场所
28	当心腐蚀		有腐蚀性的作业地点
29	当心裂变物质		具有裂变物质的作业场所，如，其使用车间、储运仓库、容器等
30	当心弧光		由于弧光造成的眼部伤害的各种作业
31	当心微波		凡微波场强的作业场所

续表

序号	名称	图形符号	设置范围和地点
32	当心中毒	当心中毒	剧毒品及有毒物质的生产、储运及使用地点
33	当心感染	当心感染	易发生感染的场所，如，医院传染病区；有害生物制品的生产、储运、使用等地点
34	当心烫伤	当心烫伤	具有热源易造成伤害的作业地点，如，冶炼、锻造、铸造、热处理车间等
35	当心电离辐射	当心电离辐射	能产生电离辐射危害的作业场所
36	当心磁场	当心磁场	有磁场的区域或场所，如高压变压器、电磁测量仪器附近等
37	当心挤压	当心挤压	有产生挤压的装备、设备或场所，如自动门、电梯门、自动屏蔽门等

续表

序号	名称	图形符号	设置范围和地点
38	当心夹手	当心夹手	有产生挤压的装置、设备或场所、如自动门、电梯门、列车车门等
39	当心有犬	当心有犬	有犬类作为保卫的场所
40	当心低温	当心低温	易于导致冻伤的场所，如，冷库、气化器表面、存在液化气体的场所等
41	当心高温表面	当心高温表面	有灼烫物体表面的场所
42	当心落水	当心落水	落水后与有可能产生淹溺的场所或部位，如城市河流、消防水池等
43	当心缝隙	当心缝隙	有缝隙的装置、设备或场所，如自动门、电梯门、列车等

3.1.3　指令标志

指令标志的基本形状为圆形，文字辅助标志在其正下方。其颜色为蓝底、白图形符号；文字辅助标志为蓝底白字，要求到这个地方的人必须遵守。其基本形式如图 3-3 所示。

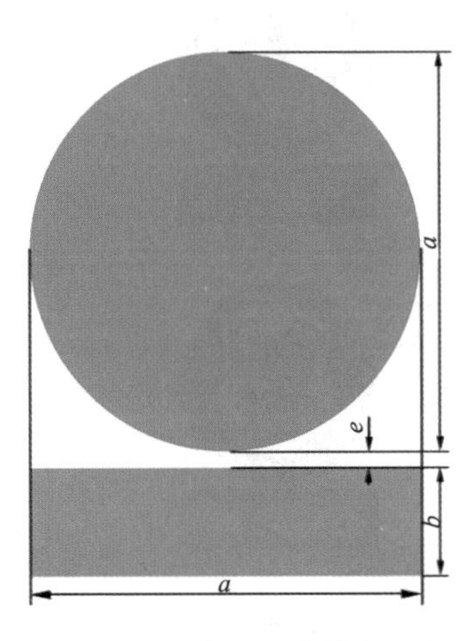

图 3–3　指令标志的基本形式

1. 指令标志的基本尺寸

指令标志基本尺寸宜根据最大观察距离确定，并符合表 3-6 的规定。

指令标志尺寸与最大观察距离的关系　　表3-6

标志尺寸 \ 观察距离	10m	15m	20m
标志外径 a（mm）	250	375	500
文字辅助标志宽 b（mm）	75	115	150
间隙宽度 e（mm）	5	10	10

2. 建筑工程施工现场指令标志

施工现场指令标志应符合表 3-7 的规定。

指令标志　　表3-7

序号	名称	图形符号	设置范围和地点
1	必须戴防毒面具	必须戴防毒面具	通风不良的有限空间

续表

序号	名称	图形符号	设置范围和地点
2	必须戴防护面罩	必须戴防护面罩	有飞溅物质等对面部有伤害的场所
3	必须戴防护耳罩	必须戴防护耳罩	噪声较大易对人体造成伤害的场所
4	必须戴防护眼镜	必须戴防护眼镜	有强光等对眼睛有伤害的场所
5	必须戴安全帽	必须戴安全帽	施工现场
6	必须戴防护手套	必须戴防护手套	具有腐蚀、灼烫、触电、刺伤等易伤害手部的场所
7	必须穿防护鞋	必须穿防护鞋	具有腐蚀、灼烫、触电、刺伤、砸伤等易伤害脚部的场所

续表

序号	名称	图形符号	设置范围和地点
8	必须系安全带	必须系安全带	高处作业的场所
9	必须消除静电	必须消除静电	有静电火花会导致灾害的场所
10	必须用防爆工具	必须用防爆工具	有静电火花会导致灾害的场所
11	必须加锁	必须加锁	剧毒品、危险品地点等场所
12	必须戴防尘口罩	必须戴防尘口罩	具有粉尘的作业场所，如：纺织清花车间、粉尘物料搅拌车间以及矿山凿岩处等
13	必须穿救生衣	必须穿救生衣	易发生溺水的场所，如：船舶、海洋上的工程结构等

续表

序号	名称	图形符号	设置范围和地点
14	必须穿防护服	必须穿防护服	具有放射、微波、高温及其他需穿防护服的工作场所

3.1.4 提示标志

提示标志的基本形状是正方形，文字辅助标志在其正下方。其颜色为绿底、白图案、白字；文字辅助标志为绿底白字。其基本形式如图 3-4 所示。

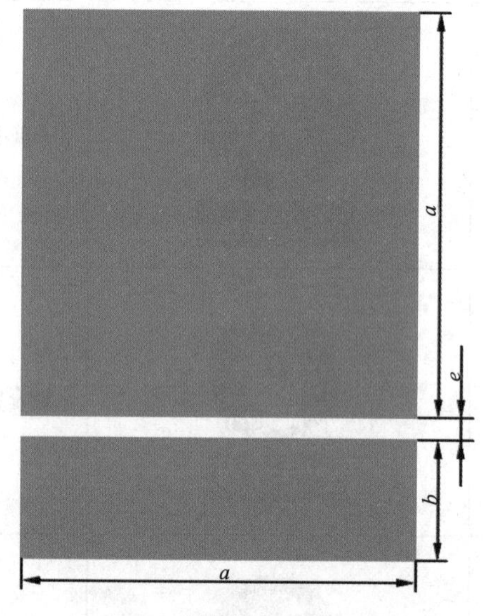

图 3–4 提示标志的基本形式

提示标志分为一般提示标志和消防设备提示标志两种。

一般提示标志是指出安全通道或太平门的方向。如在有危险的生产车间，当发生事故时，要求工人迅速从安全通道撤离，在安全通道附近就需要标上有指明安全通道方向的提示标志。

消防设备提示标志标明各种消防设备存放或放置的地方，以便发生火灾时消防设备能迅速找到和使用。

1. 提示标志的基本尺寸

提示标志的基本尺寸宜根据最大观察距离确定，并符合表 3-8 的规定。

提示标志尺寸与最大观察距离的关系　　**表3-8**

观察距离 / 标志尺寸	10m	15m	20m
正方形边长 a（mm）	250	375	500
文字辅助标志宽 b（mm）	75	110	150
间隙宽度 e（mm）	5	10	15

2. 建筑工程施工现场提示标志

施工现场提示标志应符合表 3-9 的规定。

提示标志　　**表3-9**

序号	名称及图形符号		设置范围和地点
1	动火区域		施工现场划定的可使用明火的场所
2	应急避难场所		容纳危险区域内疏散人员的场所
3	避险处		躲避危险的场所
4	紧急出口		用于安全疏散的紧急出口处，与方向箭头结合设在通向紧急出口的通道处
5	紧急医疗站		有医生的医疗救助场所

续表

序号	名称及图形符号		设置范围和地点
6	急救点	急救点	设置现场急救仪器设备及药物的地点
7	应急电话	应急电话	安装应急电话的地点
8	击碎板面	击碎板面	必须击开板面才能获得出口

3.2 电力安全标志

3.2.1 禁止类电力安全标志牌

1. 禁止类安全标志牌类型

禁止类安全标志牌分为无图案标志牌和有图案标志牌两类。

（1）有图案标志牌。有图案标志牌图形有“禁止合闸　有人工作”、“禁止合闸　线路有人工作”、“禁止分闸”、“禁止攀登 高压危险”、“禁止烟火”、“禁止使用无线通信”等类型。图案色彩由红色和黑色组成。

（2）无图案标志牌。无图案标志牌尺寸为 80mm × 65mm，采用非金属材料制作。

2. 禁止类安全标志牌配置规范

（1）“禁止合闸　有人工作”标志牌。悬挂在一经合闸即可送电到已停电检修（施工）设备的断路器和隔离开关的操作把手上。

悬挂在控制屏上已停电检修（施工）设备的电源开关或合闸按钮时，标志牌可以使用无图案标志牌。

（2）“禁止合闸　线路有人工作”标志牌。悬挂在已停电检修的（施工）电力线路的断路器和隔离开关的操作把手上。

悬挂在控制屏上已停电检修（施工）设备的电源开关或合闸按钮时，标志牌可以使用无图案标志牌。

（3）“禁止分闸”标志牌。悬挂在接地开关与检修设备之间的断路器（开关）的操作把手上。

悬挂在控制屏上已停电检修（施工）设备的电源开关或合闸按钮时，标志牌可以使用无图案标志牌。

（4）“禁止攀登　高压危险”标志牌。悬挂在下列地方：变电站户外高压配电装置构架的爬梯上；主变压器、高压备用变压器、高压厂用变压器和电抗器等设备的爬梯上；架空电力线路杆塔的爬梯上和配电变压器的杆架或台架上。

标示牌底边距地面高 1.5 ～ 3.0m。

（5）“禁止烟火”标志牌。悬挂在下列地方：变电站控制室，保护仪表盘室等门口和室内；变电站电缆夹层、隧道、竖井等入口处；蓄电池室门口；悬挂在主机房、计算机房、档案室入口处；变电站内、木工房、油漆场所、油处理室、汽车库内及汽车修理场所；变电站内储存易燃、易爆物品仓库（油库）门口及库内。

标示牌底边距地面高 1.5m 左右。

（6）“禁止使用无线通信”标志牌。悬挂在变电站的微波保护设备、高频保护室及其他需要禁止使用无线通信的地方。

3.2.2　警告类电力安全标志牌

1. 警告类安全标志牌类型

警告类安全标志牌有“当心触电”、“止步　高压危险”等类型。其色彩由黄色和黑色组成。

2. 警告类安全标志牌配置规范

（1）“当心触电”标志牌。悬挂在临时电源配电箱上，悬挂在生产现场可能发生触电危险的电气设备或线路上，如配电室断路器上等。

（2）“止步　高压危险”标志牌。悬挂在下列地方：高压设备工作地点的安全围栏上，朝向工作区域；因高压危险禁止通行的过道处；高压试验地点的安全围栏上；设备不停电时带电体距人体距离小于或等于安全距离的情况下；室外带电设备的构架上；工作地点临近带电设备的横梁上；室外带电设备固定围栏上。

3.2.3　提示类电力安全标志牌

1. 提示类安全标志牌类型

提示类安全标志牌有“在此工作”、“从此上下”、“由此进出”等类型。标准色为绿色。

2. 提示类安全标志牌配置规范

（1）“在此工作”标志牌。悬挂（放置）在工作地点或检修设备上。

（2）“从此上下”标志牌。悬挂在现场工作人员可以上下的铁架、爬梯上。

（3）“由此进出”标志牌。悬挂（放置）在工作地点围栏的出入口处。

3.2.4 指令类电力安全标志牌

1. 指令类安全标志牌类型

指令类安全标志牌类型有“必须戴安全帽”、“必须系安全带”、“注意通风”等类型。标准色为蓝色。

2. 提示类安全标志牌配置规范

(1)“必须戴安全帽”标志牌。

悬挂在生产场所（办公室、控制室、值班室、检修班组室除外）主要通道入口处。

(2)“必须系安全带”标志牌。

悬挂在高处作业场所以及高差 1.5 ～ 2.0m 周围没有设置防护围栏的作业地点。

(3)“注意通风”标志牌。

悬挂在电缆隧道、地下室入口处以及 SF 开关室、蓄电池室、油化验室入口处及其他需要通风的地方。

3.3 消防安全标志

消防安全标志是用于表明消防设施特征的符号，它是用于说明建筑配备各种消防设备、设施，标志安装的位置，并诱导人们在事故时采取合理正确的行动。国内外实际应用表明，在疏散走道和主要疏散路线的地面上或靠近地面的墙上设置发光疏散指示标志，对安全疏散起到很好的作用，可以更有效地帮助人们在浓烟弥漫的情况下，及时识别疏散位置和方向，迅速沿发光疏散指示标志顺利疏散。总结以往的火灾事故，往往是在发生事故的初期，人们看不到消防标志，找不到消防设施，而不能采取正确的疏散和灭火措施，造成大量的人员伤亡事故。消防标志牌用于提示消防设施的示意目标方位。

3.3.1 消防安全标志的几何图形尺寸

消防安全标志的几何图形尺寸以观察距离 D 为基准，计算方法如下。

1. 正方形

正方形边长如图 3-5 所示。

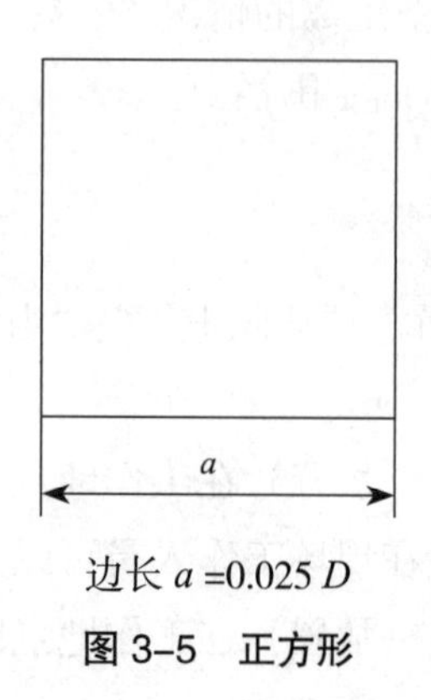

边长 a =0.025 D

图 3–5 正方形

2. 三角形

三角形的边长如图 3-6 所示。

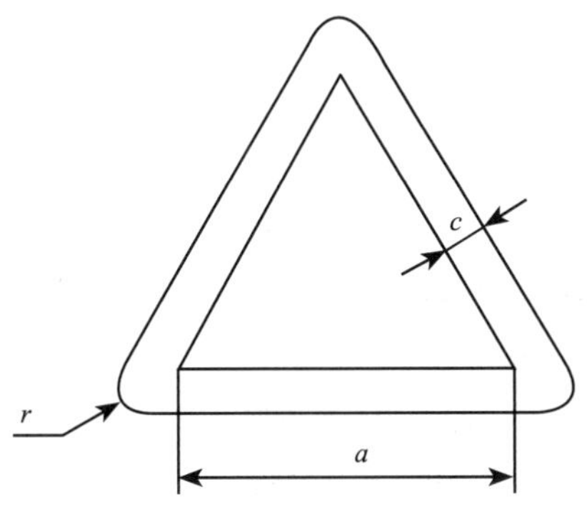

图 3–6　三角形

内边：a =0.035 D

边框宽：c =0.124 a

圆角半径：r =0.080 a

3. 圆环和斜线

圆环和斜线尺寸如图 3-7 所示。

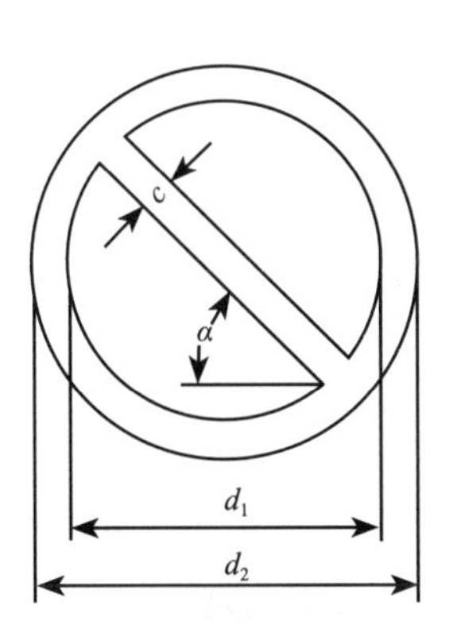

图 3–7　圆环及斜线

内径：d_1=0.028 D

外径：d_2=1.25 d_1

斜线宽：c =0.100 d_1

斜线与水平线的夹角 α =45°

4. 长方形由图形标志、方向辅助标志和文字辅助标志组成的长方形标志如图 3-8 所示。

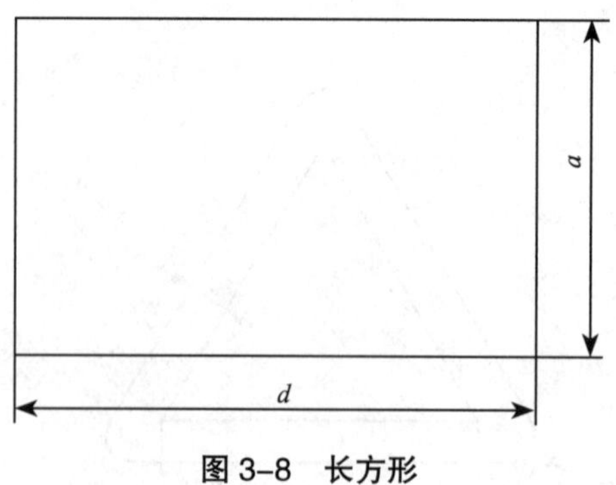

图 3–8　长方形

短边：a =0.025 D

长边：d =1.60 a

3.3.2　消防标志示意图

消防标志示意图见表 3-10 所示。

消防标志示意图　　　　**表3-10**

序号	名称及图形符号	名称	设置范围和地点
1. 火灾报警和手动控制装置的标志			
(1)		消防手动启动器	指示火灾报警系统或固定灭火系统等的手动启动器
(2)		发声警报器	可单独用来指示发声警报器，也可与消防手动启动器标志一起用
(3)		火警电话	指示在发生火灾时，可用来报警的电话及电话号码

续表

序号	名称及图形符号	名称	设置范围和地点
2. 火灾时疏散途径的标志			
(4)		紧急出口	指示在发生火灾等紧急情况下，可使用的一切出口。在远离紧急出口的地方，应与疏散通道方向标志联用，以指示到达出口的方向
(5)			
(6)		滑动开门	指示装有滑动门的紧急出口。箭头指示该门的开启方向
(7)			
(8)		推　开	本标志置于门上，指示门的开启方向
(9)		拉　开	本标志置于门上，指示门的开启方向

续表

序号	名称及图形符号	名称	设置范围和地点
(10)		击碎板面	指示．a. 必须击碎玻璃板才能拿到钥匙或拿到开门工具。 b. 必须击开板面才能制造一个出口
(11)		禁止阻塞	表示阻塞（疏散途径或通向灭火设备的道路等）会导致危险
(12)		禁止锁闭	表示紧急出口、房门等禁止锁闭
3. 灭火设备的标志			
(13)		灭火设备	指示灭火设备集中存放的位置
(14)		灭火器	指示灭火器存放的位置
(15)		消防水带	指示消防水带、软管卷盘或消火栓箱的位置

续表

序号	名称及图形符号	名称	设置范围和地点
(16)		地下消火栓	指示地下消火栓的位置
(17)		地上消火栓	指示地上消火栓的位置
(18)		消防水泵接合器	指示消防水泵接合器的位置
(19)		消防梯	指示消防梯的位置
4. 具有火灾、爆炸危险的地方或物质的标志			
(20)		当心火灾易燃物质	警告人们有易燃物质，要当心火灾
(21)		当心火灾氧化物	警告人们有易氧化的物质，要当心因氧化而着火

续表

序号	名称及图形符号	名称	设置范围和地点
(22)		当心爆炸性物质	警告人们有可燃气体、爆炸物或爆炸性混合气体，要当心爆炸
(23)		禁止用水灭火	表示：a．该物质不能用水灭火； b．用水灭火会对灭火者或周围环境产生危险
(24)		禁止吸烟	表示吸烟能引起火灾危险
(25)		禁止烟火	表示吸烟或使用明火能引起火灾或爆炸
(26)		禁止放易燃物	表示存放易燃物会引起火灾或爆炸
(27)		禁止带火种	表示存放易燃易爆物质，不得携带火种

续表

序号	名称及图形符号	名称	设置范围和地点
(28)		禁止燃放鞭炮	表示燃放鞭炮、焰火能引起火灾或爆炸
5. 方向辅助标志			
(29)		疏散通道方向	与紧急出口标志联用，指示到紧急出口的方向。该标志亦可制成长方形
(30)			
(31)		灭火设备或报警装置的方向	与火灾报警和手动控制装置的标志和灭火设备的标志联用。指示灭火设备或报警装置的位置方向，该标志亦可制成长方形

3.3.3　消防安全标志牌的制作

（1）消防安全标志牌应按标准的制作图制作。标志和符号的大小、线条粗细应参照相关标准所给出的图样或适当比例。

（2）消防安全标志牌都应自带衬底色。用其边框颜色的对比色将边框周围勾一窄边即为标志的衬底色。没有边框的标志，则用外缘颜色的对比色。除警告标志用黄色勾边外，其他标志用白色。衬底色最少宽 2mm，最多宽 10mm。

（3）消防安全标志牌应用坚固耐用的材料制作，如金属板、塑料板、木板等。用于室内的消防安全标志牌可以用粘贴力强的不干胶材料制作。对于照明条件差的场合，标志牌可以用荧光材料制作，还可以加上适当照明。

(4) 消防安全标志牌应无毛刺和孔洞，有触电危险场所的标志牌应当使用绝缘材料制作。

(5) 消防安全标志牌必须由被授权的国家固定灭火系统和耐火构件质量监督检测中心检验合格后方可生产、销售。

3.3.4 消防安全标志位置的设置

(1) 消防安全标志设置在醒目与消防安全有关的地方，并使人们看到后有足够的时间注意它所表示的意义。

(2) 消防安全标志不应设置在本身移动后可能遮盖标志的物体上。同样也不应设置在容易被移动的物体遮盖的地方。

(3) 难以确定消防安全标志的设置位置，应征求地方消防监督机构的意见。

3.4 道路施工安全标志

3.4.1 安全标志图形符号

由于施工区侵占车道、驾驶员不熟悉绕行的道路、车辆突然减速等因素，所以道路施工区是比较容易发生事故的场所。道路施工安全标志用以通告一般道路交通阻断、绕行等情况。该标志设置在道路施工、养护等路段前。施工标志为长方形、蓝底白字，图案部分为黄底黑图案。

道路施工安全标志符号及设置地点见表 3-11。

道路施工安全标志 表3-11

序号	标志类别	名称及图形符号	设置范围和地点
1	道路施工标志	前方施工 1km	提示前方正在进行道路施工，驾驶者应该及时控制车速。做好相应准备
2		前方施工 300m	
3		道路施工	
4	道路封闭标志	道路封闭	
5		道路封闭 300m	

续表

序号	标志类别	名称及图形符号	设置范围和地点
6	道路封闭标志	 道路封闭 1km	在公路上行车，经常可以看到这些标志，用以通告高速公路及一般道路交通阻断、绕行等情况。该标志设置在道路施工、养护等路段前，驾驶员需根据指示选择自己的行车道路，要根据标志的箭头辨别绕行方向是向左还是向右，或是左右均可
7		 右道封闭	
8		 右道封闭 300m	
9		 右道封闭 1km	
10		 左道封闭	
11		 左道封闭 300m	
12		 左道封闭 1km	
13		 中间封闭	
14		 中间封闭 300m	
15		 中间封闭 1km	
16	车辆慢行标志	 慢 车辆慢行	该标志表明前面道路有封闭作业等情况，驾驶员应该提前降低车速，确保安全

续表

序号	标志类别	名称及图形符号	设置范围和地点
17	向左、向右行驶标志		用以通告高速公路及一般道路交通阻断、绕行等情况，该标志箭头所指方向就是行车方向
18			
19	向左、向右改道标志	向左改道	用以通告高速公路及一般道路交通阻断、绕行等情况，车辆根据该标志箭头所指方向向左、向右改道行驶
20		向右改道	

3.4.2　道路维修标志的基本内容

道路养护维修作业是指对市政道路、桥梁、排水、照明、标志标线等设施的保养护理和维修，具体包括:路面、路牌、桥梁、隧道、路灯等项目，对各种设施进行经常性的修补、更换、维修和定期的大中修以及特殊情况下的应急抢修，其目的是保证城镇道路的完好性和功能的正常使用，向市民提供优质的公共服务。在城镇道路养护维修作业中，安全管理包括两个方面的内容，一方面是生产安全管理，即养护维修作业本身的安全，另一方面是注重作业区的安全防护与交通诱导设施的设置，避免城镇交通对作业人员与作业区伤害事故的发生。对于生产安全管理，可以通过建立健全相应的管理制度与检查机制、加强生产人员的安全教育培训予以保证；对于防范城镇交通与作业区产生的安全事故，虽然养护作业中比较重视施工标志设施与诱导设施的设置,但作业区范围内交通事故仍时有发生。这种现象的存在,究其原因,一方面是由于部分养护维修作业施工周期短，施工人员为提高作业效率疏于布设或仅简单提示；另一方面是没有明确的法律法规和规范能够指导养护维修作业的施工标志和诱导设施的设置。养护维修部门目前只能根据自己的经验设置提示与导向标志，如悬挂导向箭头、悬挂固定施工标志、设置临时安全设施等，这些设施虽能起到一定的作用，但是非标准的标志及措施，令驾驶员特别是短驾龄驾驶员在养护维修工区范围内仍无法作出正确判断，容易发生交通安全事故。

道路上经常会有维修施工，在施工地点前方设有警示标志是为了防止行驶的车辆误闯施工区引发危险。按照规定，所有道路施工都需要设置施工标志、路栏、锥行交通路标等；夜间施工还应有施工反光警告灯，必要时应使用信号或派旗手管制交通；另外，前方施工标志应设置在施工路段前方 700m 处，导向标志应设置在 150m 处，车辆慢行标志应设置在 50m 处，道路施工标志应设置在 10m 处等。

在道路施工路段日常维护和大型维修中，对未中断交通的施工作业道路，交警将加强交通安全监管。要求警示标志必须按照国标制作，施工标志必须做到清晰规范。针对夜间车流量大、事故多发地段，还要设置灯光警示标志。同时，还要求施工单位特别准备了足够的钢板、砂子等各种应急材料，以备现场应急通行车辆使用。

边施工边通车路段的道路施工安全标志形式应符合现行国家标准《道路交通标志和标线》GB 5768-2009 、《公路临时性交通标志技术》JT/J429-2000 中的要求，如图 3-9 所示。

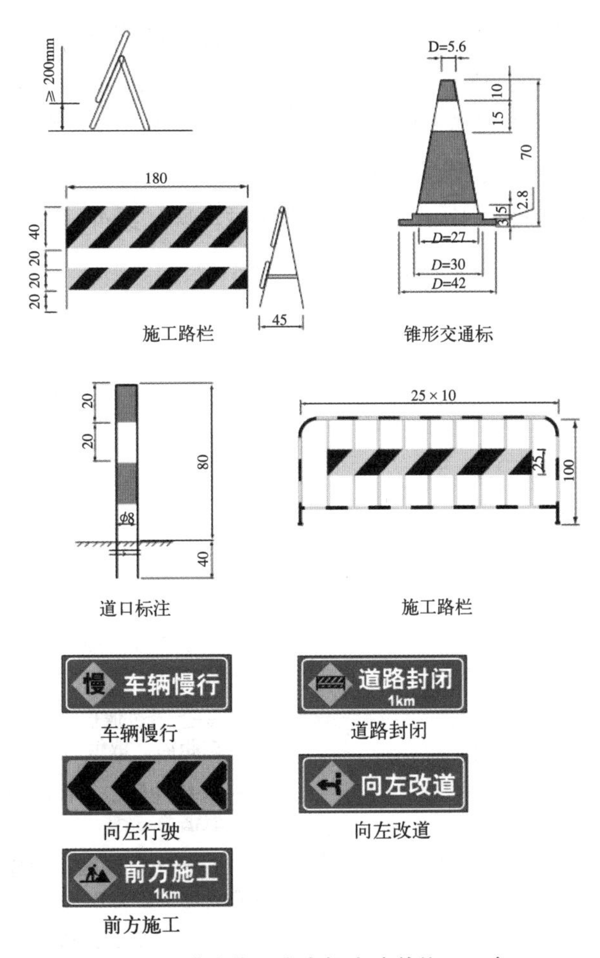

图 3–9　道路施工安全标志（单位：cm）

3.4.3　道路安全设施及标志设置要求

为道路养护维修作业而设置的交通标志，属于临时性交通标志。主要有禁令标志、警告标志和施工区标志三种，有关要求应符合国家标准《道路交通标志和标线》GB 5768-2009 的规定，交通标志应设置于醒目且能使车辆驾驶员有足够反应时间的位置。

（1）用于夜间施工作业的锥形交通路标、警戒带、路栏、施工隔离墩时应具有反光功能，其顶部可配置施工警示灯号。

（2）在匝道、陡坡、桥梁、隧道等养护维修作业地段，应设置明显的交通标志，靠近河流、湖泊和陡坡处应设置护栏和醒目的警告标志。

（3）移动式标志车应设置于借道出入口、上游过渡区或缓冲区内，使用时其尾部应面向交通流方向，其车身颜色应为醒目黄色。其可变信息板显示屏应面对交通流方向，显示屏图案和显示形式可按实际需要改变。标志车应跟随于施工作业机械后方，与其保持一定距离。

（4）施工现场安全设施的设计和布置在满足规范要求的前提下，应规格统一，合理放置，清晰醒目，对失去可辨认性的标志、标牌应迅速替换，并正确维护，便于驾驶人识别和遵守，提高养护维修作业控制区人员、通过养护维修作业控制区的驾乘人员、车辆与施工设备的安全，减少养护维修作业控制区存在的交通安全隐患。施工前道路的一些特征标志在不违背交通安全的前提下应最大可能地保留，以避免加重驾驶人信息量负荷，导致事故。

3.4.4 道路养护维修标志作业控制区布置

道路养护维修作业控制区应由警告区、上游过渡区、缓冲区、工作区、下游过渡区及终止区组成。其布置示例如图 3-10 所示。

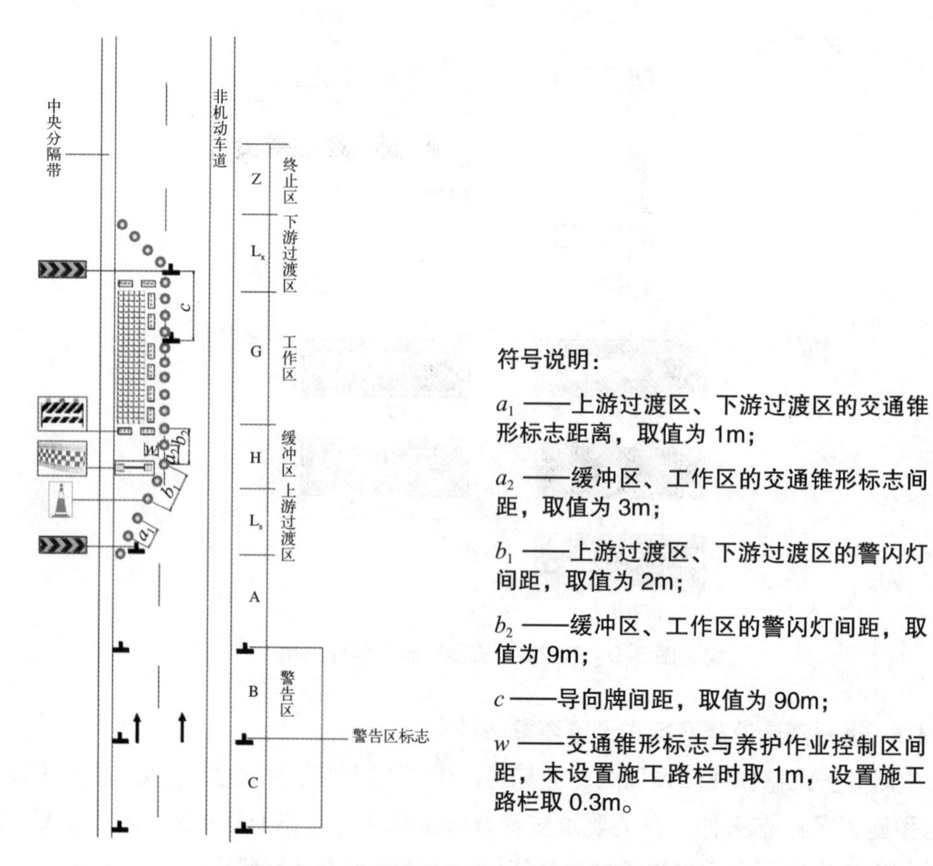

图 3–10 典型养护作业控制区安全设施设置

第 4 章　名称标志

4.1　名称标志的基本内容

为了加强建筑工程施工现场管理，促进施工现场安全生产和文明施工，施工区域、办公区域和生活区域应设置名称标志。

施工现场按照功能可划分为施工作业区、辅助作业区、材料堆放区和办公生活区。施工现场的办公生活区应当与作业区分开设置，并保持安全距离。办公生活区应当设置于在建建筑物坠落半径之外，与作业区之间设置防护措施，进行明显的划分隔离，以免人员误入危险区域；办公生活区如果设置在在建建筑物坠落半径之内时，必须采取可靠的防砸措施。功能区的规划设置时还应考虑交通、水电、消防和卫生、环保等因素。

这里的生活区是指建筑工程作业人员集中居住、生活的场所，包括施工现场以内和施工现场以外独立设置的生活区。施工现场以外独立设置的生活区是指施工现场内无条件建立生活区，而在施工现场以外搭设的用于作业人员居住生活的临时用房或者集中居住的生活基地。

1. 名称标志颜色

名称标志颜色应醒目，并符合表 4-1 的规定。

名称标志颜色要求　　表4-1

类型	背景颜色	文字颜色
名称标志	蓝色或其他颜色（主要信息）	白色
	灰色（次要信息）	黑色
	黄色（提示信息）	黑色

2. 名称标志的基本形状

标志的基本形状应为长方形，其基本尺寸宜根据最大观察距离确定，并应符合表 4-2 的规定。

名称标志尺寸与最大观察距离的关系　　表4-2

观察距离（m）			10	15	20
标志尺寸（mm）	施工区域	长度	250	375	500
		宽度	200	300	400

续表

观察距离（m）			10	15	20
标志尺寸（mm）	生活区域	长度	200	300	400
		宽度	150	225	300
	办公区域	长度	150	225	300
		宽度	100	150	200

3. 施工区域名称标识的种类

（1）工程标识：用于标明工程或施工区域内容、工程特点、施工单位、责任人和现场文明施工、宣传的标识。

（2）资源设施标识：用于标明现场资源（人员、机具等）和施工临时设施的标识。

（3）产品或过程标识：用于标明原工程材料、配件、半成品、成品特性和预制、安装过程的检试验状态的标识。

（4）安全标识：用于施工用电、各类危险场所（过程）的安全标识和机具、交通、危险品、特殊施工区域限制标识。

4.2 施工区域名称标志

4.2.1 施工区域标识标牌设置

施工现场的进口处应有整齐明显的"五牌一图"，在办公区、生活区设置"两栏一报"。

（1）五牌指：工程概况牌、管理人员名单及监督电话牌、消防保卫牌、安全生产牌、文明施工牌；一图指施工现场总平面图。

（2）各地区也可根据情况再增加其他牌图，如工程效果图。五牌具体内容没有作具体规定，可结合本地区、本企业及本工程特点设置。工程概况牌内容一般应写明工程名称、面积、层数、建设单位、勘察单位、设计单位、施工单位、监理单位、开竣工日期、项目经理姓名以及联系电话。

（3）标牌是施工现场标志的一项重要内容，所以不但内容应有针对性，同时标牌制作、设置也应规范整齐、美观，字体工整。

（4）为进一步对职工做好安全宣传工作，所以要求施工现场在明显处应有必要的安全内容的标语。

（5）施工现场应该设置宣传栏、读报栏、违章曝光栏等，营造安全氛围。

4.2.2 标识标牌设置要求

1. 工地项目介绍

（1）工程概况标识牌

版面为白色，标题字为大红色，内容为赭石色。标题字体为黑体字，内容字体为长仿宋字。工程概况占版面的 1/3，项目施工组织机构占版面 1/3，工作管理目标占版面 1/3（见图 4-1）。

工程概况牌内容如下：

工程名称：　××

建设单位：××　项目负责人：××

设计单位：××　项目负责人：××

勘察单位：××　项目负责人：××

监理单位：××　总监理工程师：××

施工单位：××　项目经理：××

建筑面积：××　结构形式：××

开工日期：××　层　数：××

计划竣工日期：× 年 × 月 × 日

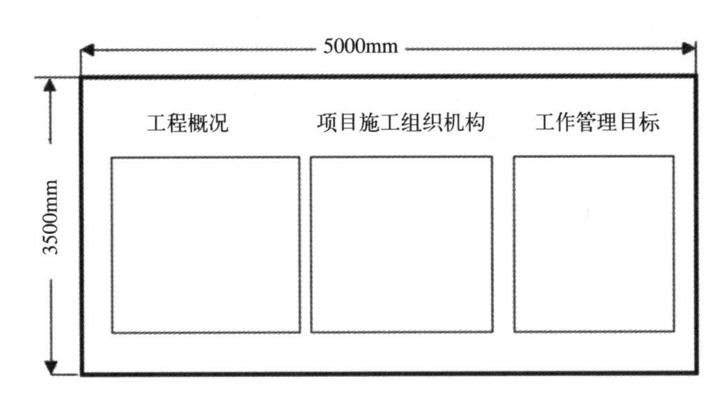

图 4–1　工程概况标识牌

（2）施工总平面布置图

版面为白色，框线为浅绿色，标题为大红色，内容为赭石色。内容字体为黑体字，标题字体为仿宋字。平面图内容见施工组织设计中的平面图（见图 4-2）。

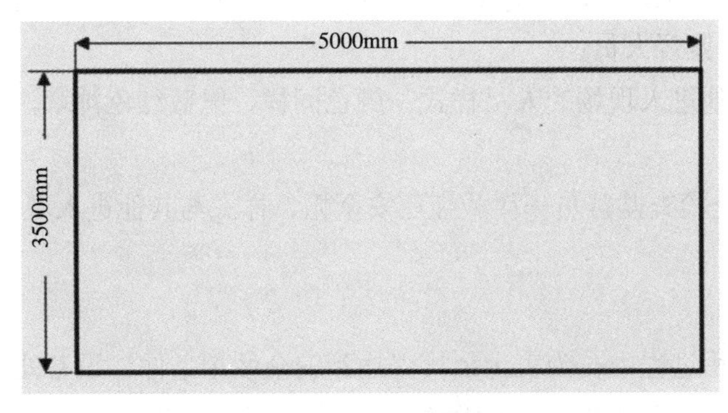

图 4–2　施工总平面图

（3）质量保证体系、安全保证体系标志牌

版面为白色，框线为浅绿色，标题为大红色，内容为赭石色，内容字体为黑体字，标题为仿宋字，质量、安全保证体系各占版面 1/2（见图 4-3）。

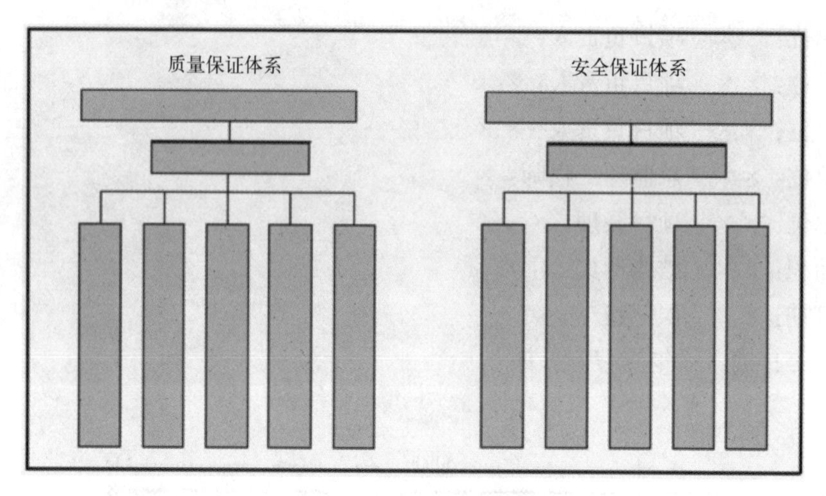

图 4–3　质量安全标志牌

2. 资源和设施标识

（1）人员标识

1）劳保着装：无论是管理人员还是班组作业人员必须统一着装，颜色、样式统一，并有本企业标识和单位缩写。

2）安全帽：

①工人佩戴黄色安全帽。

②管理人员佩戴白色安全帽。

③项目班子安全管理成员佩戴红色安全帽。

安全帽的样式统一，并印有本企业标识和单位缩写。

3）安全带：工人使用的双钩五点式安全带，其颜色、样式统一。

4）进入现场的人员一律佩戴胸卡。

5）安全检查、监督人员：

①着装均同其他进入现场的人员样式、颜色同样，佩戴红色袖章，袖章上印有“安全监督”字样。

②安全帽：安全检查监督员一律戴红色安全帽，样式与其他进入现场的人员同式。

（2）机具标识

1）完好标识

设备在施工使用过程中，为表示经检查达到安全使用条件，设备处于完好状态，应粘贴此标识，此标识为白底红字，具体样式如图 4-4 所示。

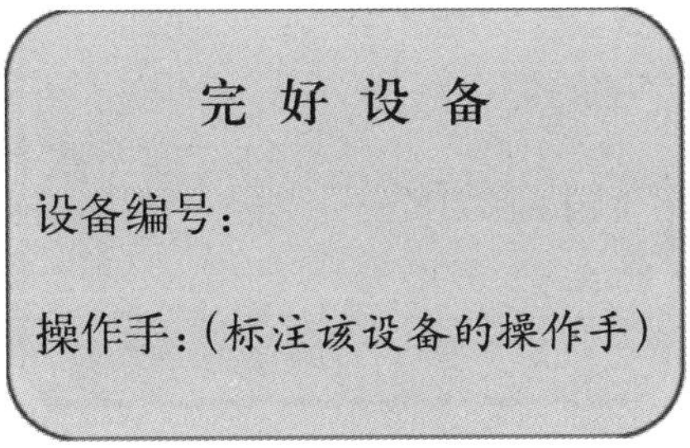

完 好 设 备

设备编号：

操作手：（标注该设备的操作手）

图 4–4　完好设备标识

备注：本标识文字为宋体，操作手姓名用记号笔填写。

2）待修标识

设备在使用过程中，出现故障或经检查达不到安全使用条件，需进行维修的设备应粘贴此标识，此标识为黄底黑字，具体样式如图 4-5 所示。

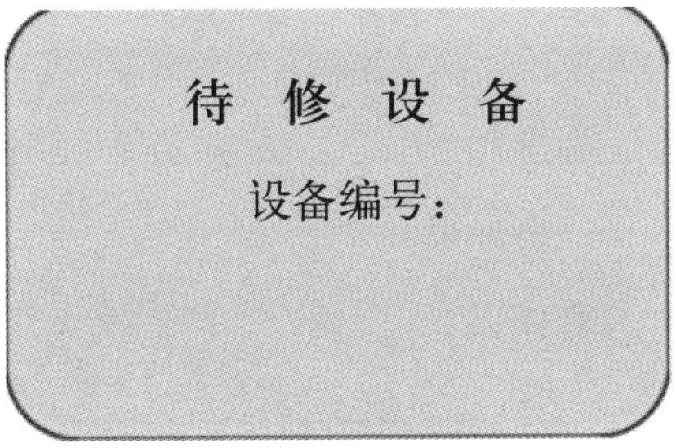

待 修 设 备

设备编号：

图 4–5　待修设备标识

（3）临时设施标识

主要指施工现场工具棚、办公室标识。方法是用红色油漆直接喷涂在工具棚、办公室门上。字体内容：公司名称。工具棚、办公室颜色标记：上半部为银灰色，下半部为天蓝色。

（4）产品区域标识

物资仓库和堆场应建立待检验区、合格品区、不合格品区和待处理区，各区分别设置标牌进行标识，标志牌应置于醒目位置，牢固可靠不易移动。

1）待检验区（图 4-6）

标识类型：钢制标牌。

标识尺寸：400mm × 200mm × 2mm。

标识颜色：黄底黑字。

标识内容：序号、待检验区、责任人。

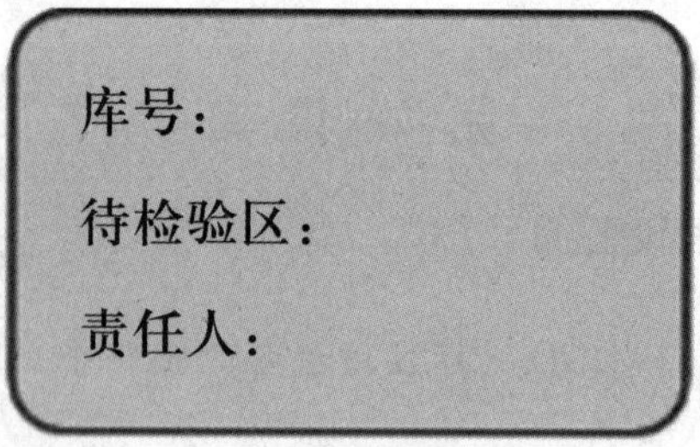

库号：

待检验区：

责任人：

图 4–6　待检验区

2）合格品区域（图 4-7）

标识类型：钢制标牌。

标识尺寸：400mm × 200mm × 2mm。

标识颜色：白底黑字。

标识内容：序号、合格品区、责任人。

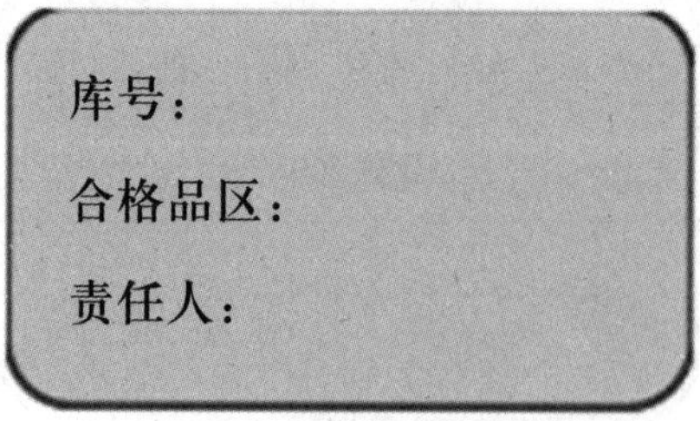

库号：

合格品区：

责任人：

图 4–7　合格品区

3）不合格品区域（图 4-8）

标识类型：钢制标牌。

标识尺寸：400mm × 200mm × 2mm。

标识颜色：红底白字。

标识内容：不合格品区、责任人。

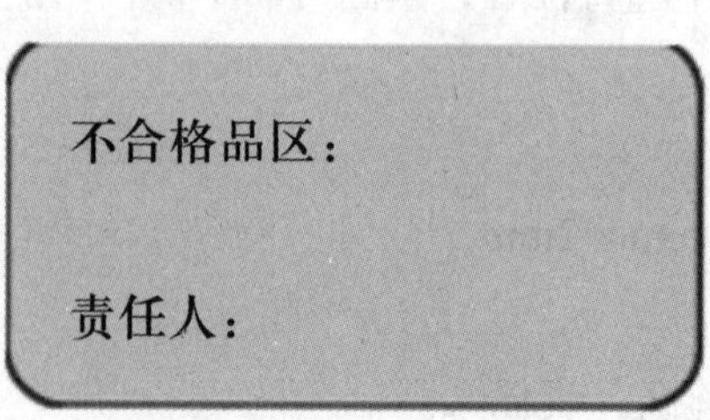

不合格品区：

责任人：

图 4–8　不合格品区

4）待处理区域（图 4-9）

标识类型：钢制标牌。

标识尺寸：400mm × 200mm × 2mm。

标识颜色：蓝底白字。

标识内容：待处理区、责任人。

待处理区：

责任人：

图 4–9　待处理区

（5）产品标识

1）原材料标识：

采用标牌标识。标识内容应注明：规格、型号、生产厂、出厂合格证编号、入库批量、入库日期、保管责任人和检验状态，其中，检验状态为合格的，写明检验日期和检验合格证编号。

保持和保护产品的原有标识（钢印、标签、喷码），防止遗失、覆盖、切割等。

按原有标识复制和移植，做到牢固和醒目。大件材料可用油漆写在材料表面，小件材料可用挂贴复制标签。

2）物资标识：

物资供应方对运抵现场的物资，均应提供合格状态的标识，施工承包商在现场进行物资交接、验收时，对标识进行确认。

3）机电设备和化工设备按图纸的设备编号或位号，用铭牌或油漆记录在设备的可视位置作为标识。

4）预制构件标识：

采用标牌标识。标识内容应注明：构件名称、构件尺寸、安装部位、混凝土强度等级、制作单位、制作日期、检验状态、责任人。

标识方法：预制构件验收合格后贴合格标签，柱子贴于根部向上 1m 处，梁贴于两端 500mm 处，小型预制件贴于距两端 200mm 处，且标签应与构件编号在同一侧，其他小型预制组件按类型挂标牌标识，现场安装按质量控制点立标识牌。

3.“五牌一图”标志牌

（1）工程概况

工程概况

工程名称			
建设单位			
施工单位			
勘察单位			
设计单位			
监理单位			
结构类型		建筑面积	
层数		造价	
开工日期		竣工日期	
工程地址			
工程负责人			
监督电话			

要求：标牌面积不小于0.7m × 0.5m，白底黑字。

（2）管理人员名单及监督电话牌

管理人员名单及监督电话牌

岗位名称	姓名	电话
项目经理		
项目副经理		
安全生产责任人		
项目技术负责人		
消防保卫负责人		
文明施工负责人		
卫生防疫负责人		
环境保护负责人		
施工监督负责人		

工程名称	
施工单位	

(3)消防保卫牌

消防安全牌

1. 认真贯彻“安全第一、消防结合”的消防安全方针，开工前制定消防安全措施，建立消防安全组织，配备专职消防人员。

2. 施工现场必须设置门卫，作业人员必须佩戴胸卡进出施工现场，严禁非操作人员及家属留宿施工现场。

3. 严格执行动火审批制度，未经批准，任何人不得在现场使用明火。

4. 严格执行易燃易爆物品的存放、保管和使用的规定，木工房等易燃场所必须工完场地清，严禁吸烟、并配备足数量的消防灭火器材。

5. 严格执行施工现场临时用电安全技术规范，非电工严禁使用电器具、拉设电线。

6. 每个宿舍必须设防火负责人，室内严禁卧床吸烟，烟头必须熄灭放入烟灰缸或容器内。

7. 必须保证消防通道、楼梯、走道及通向消防栓、水源等道路的畅通。

8. 消防器材及工具不准挪作他用，并设专人管理，定期检测、更换，发现火情立即组织扑救，并拨打“119”火警电话报警。

(4)安全生产牌

安全生产牌

1. 进入施工现场，必须遵守安全生产规章制度。

2. 进入施工区，必须戴好安全帽、扣好帽带，机械操作工必须戴好防护帽。

3. 在建工程中的“四口”和“五临边”必须有防护设施。

4. 现场内不准赤脚，不准穿硬底鞋、高跟鞋、喇叭裤和酒后作业。

5. 高空作业必须系好安全带，安全带高挂低用，高空作业严禁穿皮鞋或带钉的易滑鞋。

6. 非操作人员不得进入施工危险区域内。

7. 未经项目负责人批准，不得任意拆除架子装置及安全防护设施。

8. 严禁从高空抛扔材料、工具、砖、石、建筑垃圾等一切物品。

9. 架设电线必须符合相关用电规范规定，电气设备必须有保护接零装置。

10. 施工现场的危险区域应有警示标志，夜间有照明示警。

（5）文明施工牌

文明施工牌

1. 施工现场入口处应挂置工程概况牌。施工现场周边应设置高度不低于1.8米的围挡，实行封闭式施工。

2. 工地的大门要牢固可靠，门扇开关灵活，大门里侧应设门卫室和保卫人员。

3. 临时占用道路必须到有关部门办理有关手续。

4. 施工现场要做到道路平整、排水畅通，按施工总平面布置图布置供电线路、给水排水线路，做到水管不漏水，电线不漏电。

5. 现场应设有男、女厕所，排污、排便等设施。

6. 严禁在工地内吸毒、嫖娼、赌博、斗殴、盗窃“五害”活动，违者交公安机关处理。

7. 夜间施工必须通过主管部门批准并公开告示，取得社会谅解方可施工。

8. 施工现场应遵守国家有关环保法规，采取措施控制现场的各种灰尘、废气排放、固体废物处理以及噪声和振动时环境保护的措施。

9. 施工现场生活区域应与施工区域分隔开，在建工程内不得安排住人。宿舍、食堂、淋浴室、卫生室等临时建筑要按规范要求搭设，符合通风、采光、卫生和消防等规定。

（6）施工总平面布置图

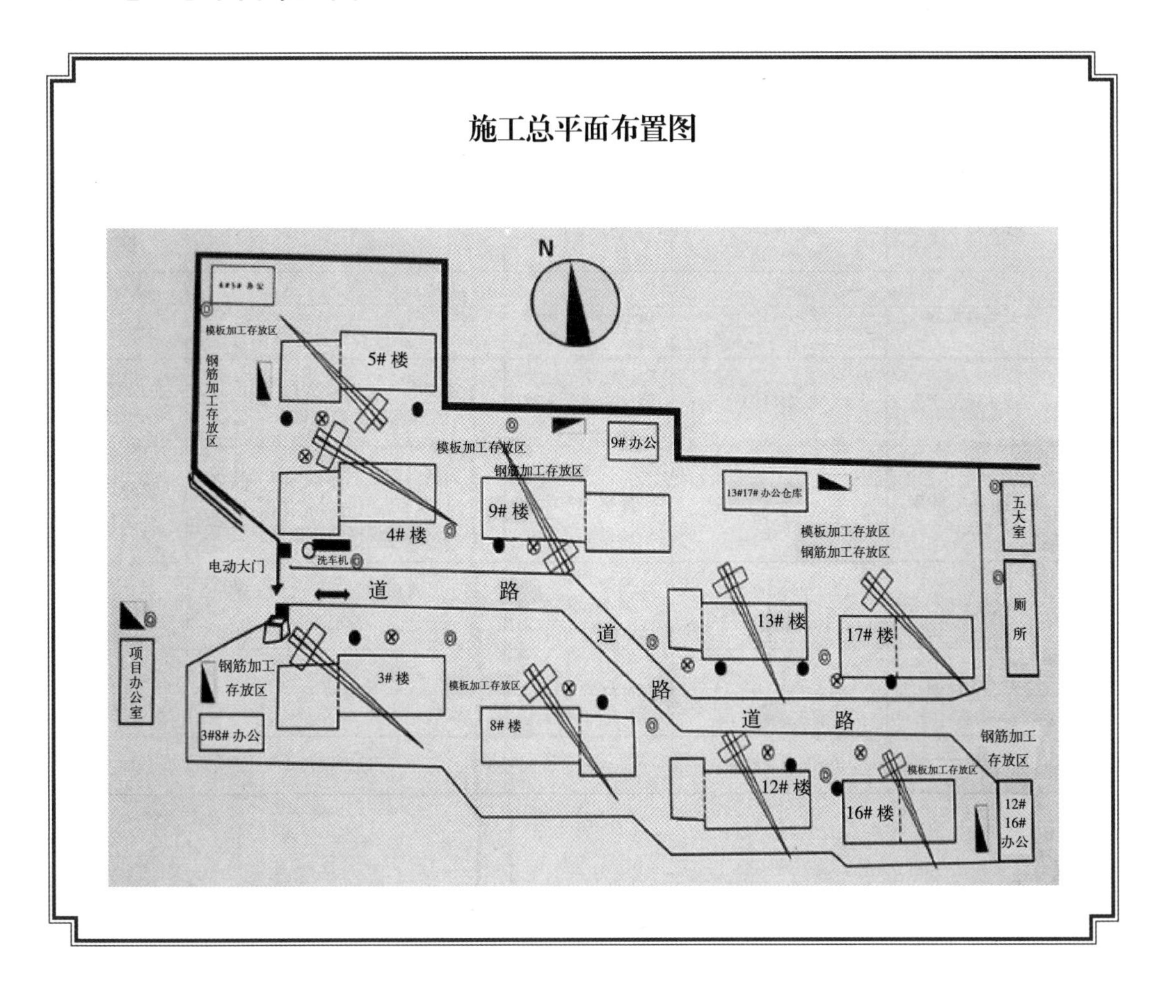

4.3　生活区域及办公区域名称标志

生活区域及办公区域名称标志可按表 4-3 要求设置。

办公区域名称标志标识牌标准化　　表4-3

序号	标识名称	尺寸（长×宽，cm）	颜色字体要求	标识内容及要求	设置位置
1	工程简介牌	200×150	蓝底白字、宋体	字体要求不小于40号字	会议室或驻地院内
2	安全保障体系	200×150	蓝底白字、宋体	字体要求不小于40号字	会议室
3	质量保证体系	200×150	蓝底白字、宋体	字体要求不小于40号字	会议室
4	施工组织体系	200×150	蓝底白字、宋体	字体要求不小于40号字	会议室

续表

序号	标识名称	尺寸（长×宽，cm）	颜色字体要求	标识内容及要求	设置位置
5	施工平面图	400×150	蓝底白字、宋体	按两块200cm×150cm的牌制作	会议室或驻地院内
6	工程立体效果图	200×150	白底彩图	—	会议室或驻地院内
7	文明施工牌	200×150	蓝底白字、宋体	—	会议室或驻地院内
8	消防保卫牌	200×150	蓝底白字、宋体	字体要求不小于40号字，底部必须标有火警电话119	会议室或驻地院内
9	项目机构标识牌	250×35（竖牌）	黑字、宋体	不锈钢腐蚀字填漆，项目名称及标段名称（与公章相同） 有党支部的规格与上相同，红字	驻地大门立柱
10	试验室牌	86×60（横牌）	黑字、宋体	同上，将项目经理部改为工地试验室	试验室
11	办公室门牌	28×10	金底红字、宋体	—	各办公室门墙上
12	宣传栏	240×120（单窗）	—	可设置多窗	驻地院内

第 5 章　制度标志

制度标志是通过基础管理的软硬件建设，外树形象，里练内功，使现场各项基础管理活动取得的成效能够得到巩固和不断提高，形成现场管理井然有序、施工人员自觉遵章守纪、重视安全行为的良好氛围，且不断地积淀和发扬，促进项目总体管理水平提高。

建筑施工企业应建立健全安全生产管理体系，明确各类岗位人员的安全生产责任。企业安全生产管理目标和各岗位安全生产责任制度应装订成册，其中项目部管理人员的安全生产责任制度应挂墙。

制度标志的基本形状应为长方形，其颜色宜为白底、黑字、红边框，标志右下角可标以企业符号和名称。

制度标志的基本尺寸宜根据最大观察距离确定，并应符合表 5-1 的规定。

制度标志尺寸与最大观察距离的关系　　**表5-1**

观察距离（m）		5	10	15
标志尺寸（mm）	长度	750	1250	1950
	宽度	450	750	1250

5.1　管理制度标志

为了进一步搞好文明施工生产工作，保证施工现场生产设备标志整齐、规范，做到现场标志清晰，确保工作人员不误碰误动设备，不误接触带电物体，不出现因标志不清晰而出现的各种事故和异常。因此需要制定安全标志管理制度，以进一步加强安全标志的管理。

各管理制度标志牌如下：其规格尺寸按表 5-1 要求并根据现场实际调整，各标志牌大小要统一。

5.1.1 材料管理制度

1. 材料验收管理制度

材料验收管理制度

1. 质量管理部门负责动态收集产品标准、所有原材料标准以及国家法律法规有效文本，及时提供给相关管理人员和生产人员，并组织开展培训，充分掌握原材料进货把关要求。

2. 核对进场材料的凭证和票据等有关资料，检查材料品种是否与所需相符。

3. 目测材料外包装是否完整，若发现材料外表损坏或外包装破损严重的，应做好记录并及时上报材料主管，问题未解决前不得进行数量和质量验收。

4. 检验数量及质量。数量验收按照规定分别采取称重、点件、检尺等方法，以确保进场材料数量准确。质量验收，首先进行外观质量检测，凡无质量缺陷的，按照规定需要取样的则须进行材质复验，如对于钢材、水泥、砂石料、混凝土、防水材料等产品，由项目试验员按规定进行复试。

5. 经数量和质量验收合格的材料要及时办理验收手续，入库登账，并将质量复检资料存档备案。

6. 材料、设备进场检验时严格按有关验收规范执行，检验合格后方可使用，若出现问题应追究相关人员的责任。

7. 原材料入库后，要按照规定的贮存条件进行管理，确保原材料贮存环节中不发生质量安全问题。

2. 限额领退料制度

限额领退料制度

1. 严格执行班组限额领料制度，做到领料有手续，发料有依据。

2. 领料时应出示工长签发的领料单，材料员应在额度范围内发料，按规定办理材料出库和领退料记录等，每月作一次统计结算。

3. 领料额度应根据施工预算及实际需要，由工长、材料组长共同研究提出意见，项目经理批准执行。

4. 材料领出后，由班组负责使用和保管，材料员必须按保管和使用要求对班组进行跟踪检查、监督。

5. 在领、发（或退）料过程中，双方必须办理相关手续，注明用料单位工程和班组、材料名称、规格、数量及领用日期、批准人等，双方需签字认证。

6. 对特殊用品，执行交旧领新的原则，遗失或损坏应酌情赔偿。

7. 限额领（退）料的材料范围按规定执行。

8. 剩余的材料，应及时办理退料入库手续。

3. 贵重物品，易燃、易爆物品管理制度

贵重物品，易燃、易爆物品管理制度

1. 现场可燃、易燃、易爆物品必须设专人负责管理。

2. 贵重物品，易燃、易爆物品应及时入库，专库专管，加设明显标志，并建立严格的限额领退料手续。

3. 存放易燃、易爆物品的仓库必须和房屋、交通要道、高压线等保持安全距离，仓库要用砖石砌筑。

4. 库内要有良好的通风条件和温湿度表。门窗应向外开，不要使用透明玻璃，垫板的铁钉不能外露。照明要用防爆照明设备和专用启封工具，并应有消防设备。库区应设置“严禁烟火”标志。

5. 对有毒或有危险性的废料处理，应在当地公安、卫生部门的指导下进行。

6. 贵重物品，易燃、易爆物品的发放由项目部专人审批，记录清楚。

7. 易燃易爆品存放远离生活区。

8. 必须有严格的防火措施，配备灭火器材，确保施工安全。

4. 库存物资盘点检查制度

库存物资盘点检查制度

1. 每年年底保管员对自己所管物资都要定期盘点一次，并做好明细报表，报上级有关业务部门。

2. 保管员必须认真执行库存物资盘点制度，每月盘点一 次。对当日发生动态的物资，要及时核对料单、料签和结存数量，当日盘点。

3. 在盘点中发现的物资数量溢缺、损坏、变质、自然损耗、规格混串、过期失效等问题，要查明原因，分清责任，按有关规定办理相应手续，报领导审批后处理。

5. 仓库收、发料制度

仓库收、发料制度

1. 收货时应根据运单及有关资料详细核对品名、规格、数量，注意外观检查，若有短缺损坏情况，应当场要求运输部门检查。凡属他方的责任，应做好详细记录，记录内容与实际情况相符合后方可收货。

2. 对验收中发现的问题，应及时报有关业务部门。

3. 核对证件：入库物资在进行验收前，首先要将供货单位提供的质量证明书或合格证、装箱单、磅码单、发货明细等进行核对，看是否与合同相符。

4. 数量验收：数量检验要在物资入库时一次进行，应当采取与供货单位一致的计量方法进行验收，以实际检验的数量为实收数。

5. 质量检验：一般只做外观形状和外观质量检验的物资，可由保管员或验收员自行检查，验后做好记录。凡需要进行物理、化学试验以检查物资理化特性的，应由专门检验部门加以化验和技术测定，并做好详细鉴定记录。

6. 物资经过验收合格后应及时办理入库手续，进行登账、立卡、建档工作，以便准确地反映库存物资动态。

7. 核对出库凭证：保管员接到出库凭证后，应核对名称、规格、单价等是否准确，印鉴、单据是否齐全，有无涂改现象，检查无误后方可发料。

8. 备料复核：保管员按出库凭证所列的货物逐项进行备料，备完后要进行复核，以防差错。

6. 材料采购管理责任制

材料采购管理责任制

1. 采购部负责工程所用材料、设备、租赁材料的采购供应工作，汇总项目部周转材料及使用材料计划，编制项目部材料成本及利润工作报告，加强项目材料设备、材料出入库、材料台账及材料成本的核算。进行工程材料的管理与控制，及时反映工程材料的实际支出、盈亏。

2. 物资供应分公司负责采购其权限内的物资；根据各单位月度材料需求计划，负责材料的采购、供应，负责所供材料的质量监控与服务情况，按内部供应合同完成相关工作；组织材料采购招标工作并负责采购权限内的材料采购合同的谈判和签订，负责材料采购合同的履行、台账建立、信息传递工作；负责采购范围内合格分供方评定，定期向物资管理部传递有关报价资料及各种材料的采购价格资料；及时提供有关材料的采购凭证。

3. 项目经理部负责编制《物资采购月计划》，负责其权限范围内物资的采购工作；负责协助物资管理部和物资供应分公司评价合格分供方；负责物资采购资料的编制、收集和整理；负责进场材料的验收，采购物资资料的收集和整理，以及组织对不合格物资的评审和处置。

4. 施工现场采购人员的职责如下：

① 按计划采购。

② 对所采购的材料、材质负责。

③ 参与材料进场的验收，检查材料的质量、材质、产品证件、出厂合格证、材质证明等。

④ 采购员应具备“采购手册”。采购员应经常向工地办公室汇报，应与工地负责人、材料保管员紧密联系，密切配合，把好材料关，为施工服务。

⑤ 负责不合格材料的清退。

⑥ 负责向卖方索取证明材料。

7. 材料采购权限规定

材料采购权限规定

1. 物资供应部负责采购门窗及门窗制品、地材、建材、水暖器材、油漆化工材料、结构件、安全防护用品、临时设施用房、竹编板等材料。

2. 项目经理部材料人员负责五金制品、施工工具、低值易耗品、橡胶及塑料制品、零星用料和其他材料采购，并有推荐合格分供方的权利和义务。

3. 商品混凝土的采购供应，由项目经理部根据技术人员提供相应的技术要求和标准选择供料单位，执行公司标准合同文本，经物资管理部对价格及有关内容审核后盖章，物资管理部、财会部各执一份，物资管理部审核付款事项后，经理部负责履行并按规定对外结算。

4. 实行全额利费保全方式承包的项目经理部除钢材、木材、水泥以外的其他材料，在确保工程质量目标的前提下，本着优质、优惠的原则由现场材料人员自行采购。

8. 材料采购合同管理办法

材料采购合同管理办法

1. 建设单位供应的材料由项目经理部材料部门负责接料，具体结算办法由公司经营部、物资管理部与甲方洽谈，材料结算按市造价处有关规定执行。如有超出的差价由经理部按合同规定办理。

2. 建立物资采购招标、采购合同评审制度

① 具备招标条件的，经分管领导批准，由物资供应分公司负责组织，对项目一次采购单项材料款达100万元（含）以上的竹编板、门窗、建材、混凝土构件等主要材料进行招标采购。合同的签订由物资管理部、经营管理部、财务部、法律事务部会审。

② 100万元以下的材料采购合同，由物资供应分公司经理组织有关人员评审。

③ 没有签订采购合同的其他材料，按分工由各单位经理审核，采购合同经

物资管理部审定盖章，物资供应分公司统一结算。

3. 对重点工程，物资供应分公司与项目经理部在项目开工之日 15 日内签订“物资供应协议”，具体明确各自的责任与权益，物资管理部负责协调并监督。

9. 施工现场材料管理规定

施工现场材料管理规定

1. 根据国家和上级颁发的有关政策、规定、办法，制定物资管理制度与实施细则。

2. 根据施工组织设计，做好材料的供应计划，保证施工需要与生产正常进行。

3. 减少周转层次，简化供需手续，随时调整库存，提高流动资金的周转次数。

4. 负责填报材料、设备统计报表，贯彻执行材料消耗定额和储备定额。

5. 根据施工预算，材料部门要编制单位工程材料计划，报材料主管负责人审批后，作为物料器材加工、采购、供应的依据。

6. 月度材料计划，根据工程进度，现场条件要求，由各工长参加，材料员汇总出用料计划，交有关部门负责人审批后执行。

7. 进入施工现场的材料要按规定和指定地点整齐码放，并设有标识，不得在非指定区乱放材料，材料码放不能占用施工通道，楼梯处禁止堆放物料。

10. 材料入库验收制度

材料入库验收制度

1. 检验员质检应根据分管物资的相应国家标准，按不同规定办理。

2. 所有材料入库，必须严格验收，在保证其质量合格的基础上实测数量，根据不同材料物件的特征，采取点数、丈量、过磅等方法进行量的验收，禁止估量。

3. 对大宗材料、高档材料、特殊材料等要及时索要“三证”（产品合格证、生产许可证、出厂检测报告），产品质量检测报告须加盖红章。对不合格材料的退货也应在入库单中用红笔进行标注，并详细地填写退货的数目、日期及原因。

4. 因材料数量较大或因包装关系，一时无法将应验收的材料验收的，可以先将包装的个数、重量或数量，包装情形做预备验收，待以后认真清理后再行正式验收，必要时在入库中再行对照后验收。

5. 材料入库后，各级主管部门认为有必要时，可对入库材料进行复验，如发现与入库情况不符的，将追究相关人员责任，造成损失的，由责任人赔偿。

11. 施工现场材料发放制度

施工现场材料发放制度

1. 材料的发放应遵循先进先出的原则。对同类型材料的不同批次应进行批号管理。

2. 领取或借用材料、器具必须经过出料登记并履行签字手续后，方可领取。

3. 仓管员负责及时发放劳保防护用品，领取数量需经安全员签字核实后，方可发放。

4. 器材收回后必须经过验收，若发现有损坏现象，根据损坏程度的轻重和器材单价，给予适当的赔偿。

5. 仓管员必须坚守岗位，设置防火防盗设施，禁止在仓库内吸烟、聚会娱乐，同时搞好仓库卫生，勤清扫，保持货架及材料的清洁。

12. 施工现场领料制度

施工现场领料制度

1. 各施工队队长亲自到办公室经主管同意签字后领取。

2. 施工队长可委派一名材料保管员负责领取本队计划内料具，并报办公室批准后方可执行。

3. 各施工队领料时必须有计划领取，按计划分期、分批领取。

4. 领料具时必须填写领料单据、签字，多余材料填写退料单，经材料保管员签字后退回。

13. 施工现场材料使用制度

施工现场材料使用制度

1. 施工材料的发放应严格按照材料消耗定额管理，采取分部、分项包干等管理手段降低材料消耗。

① 项目经理部材料部门以技术部门根据工程计划和工程质量要求提出的工程需用物资计划为基础，编制工程材料需用量，在工程施工过程中遇有设计变更或特殊要求情况下，要以技术部门和经营管理部门书面通知为准，作为调整用量的依据。

② 物资供应分公司对用料单位提供的用量不得超过申报的计划数。

③ 项目经理部材料科根据工程需用量分项、分部把材料供应到作业队。

④ 分项、分部工程完工后由项目经理部施工、质量、材料部门共同验收并在材料承包协议书上签字。

⑤ 材料定额员根据对施工队材料使用情况和分项、分部工程完成情况，对节超进行核算。

2. 水泥库内外散落灰及时清理或利用。搅拌机四周、拌料处及施工现场内无废弃砂浆、混凝土，运输道路和操作面落地灰及时清运，做到活完脚下清。砂浆、混凝土倒运时要采取防洒落措施。

3. 砖、砂、石和其他材料应随用随清，不留料底。

4. 施工现场应有用料计划，按计划进料，使现场材料不积压，对剩余材料及时书面报告公司物资管理部予以调剂，以减少积压浪费。减少资金占用，加速资金周转。钢材、木材等原材料下料要合理，做到优材优用。

5. 完工用料进行场清，余料必须及时回收，并办理相应手续。

6. 材料库由专人保管，负有全权责任，其他人员不得擅自入内。

14. 施工现场材料节约制度

施工现场材料节约制度

1. 加强对计量工作和计量器具的管理，对进入现场的各种材料要加强验收、保管，减少材料的缺失，最大限度地减少材料的人为和自然损耗。

2. 加强材料的平面布置和合理码放，防止因堆放不合理造成的损失和浪费。

3. 要按计划用料、进料，使材料不积压，减少退料现象．钢材、木材等料具要合理使用，长料不能短用，优料不能劣用。

4. 施工现场应有固定的垃圾站，对散落垃圾及时分捡回收利用。

5. 现场的剩余料及包装材料及时回收，堆放整齐，及时清退。

6. 各班组要认真负责，做到计划用料，活完脚下清。

15. 施工现场剩余材料调剂、回收管理制度

施工现场剩余材料调剂、回收管理制度

1. 现场剩余材料调剂、回收对象是指项目工程在分部和整体工程完工后，对现场剩余并有继续使用价值的三材、竹编板、安全网、电线电缆、配电箱等材料在公司范围内再次合理配置和价值有偿转让。

2. 剩余材料调节、回收的时间，项目经理部分部或整体工程完工后的一周内对剩余材料要及时盘点，做出剩余材料明细表；因各种原因需缓建、停建的项目造成材料积压并需调节时，由项目经理部及时或在停工报告批准后一周内进行盘点，做出剩余材料明细表。

3. 项目经理部编制剩余材料明细表后，由项目经理签字并提出处理意见，上报物资管理部两份，物资管理部在一周内对现场的剩余材料组织相关人员进行评估后转交物资供应分公司进行调节，调节后仍有剩余材料，由物资供应分公司与项目经理部协调回收或按公司有关文件规定处理。

4. 为最大限度提高材料利用率和减少浪费，调动各方面积极性，对现场剩余材料的调节可采用以下方式实施：

① 自行调节。项目经理部应根据工程的施工进度，确定施工现场有剩余材料的，可向物资管理部及时报告，物资管理部提供需求信息，由项目经理部与需方自愿协商调剂。

② 物资供应分公司调节。项目经理部在项目的分部或整体工程完工后，将现场剩余材料明细表，报物资管理部审核备案，转物资供应分公司统一调节。

5. 因抢工等特殊情况，需要调入剩余材料的，物资管理部有权从公司任何一个有剩余材料的单位按统筹安排有偿使用原则调剂，被调剂单位不得以任何理由拒绝。

6. 调剂材料的计量：钢材采用检斤过磅计量，旧木材采用检尺计量，其他材料采用计数计量。

7. 公司物资管理部负责现场剩余材料的调节、回收的协调与管理工作。项目经理部对价格评估、转让有异议的可申请复议。物资管理部接到复议申请后三日内作出答复。项目经理部对其结果仍不服时，可提请公司经济纠纷处理委员会裁决。

16. 施工现场周转材料管理制度

施工现场周转材料管理制度

1. 周转材料进场后，现场材料保管员要与工程劳务分包单位共同按进料单进行点验。

2. 新开工程周转材料的使用一律实行指标承包管理，项目经理部应与使用单位签订指标承包合同，明确责任，实行节约奖励，丢失按原价赔偿，损坏按损失价值赔偿，并负责使用后的清理和现场保养，赔偿费用从劳务分包费用中扣除。

3. 项目经理部设专人负责现场周转材料的使用和管理，对使用过程进行监督。

4. 严禁在模板上任意打孔；严禁任意切割架子管；严禁在周转材料上焊接其他材料；严禁从高处向下抛物；严禁将周转材料垫路和挪作他用。

周转材料每使用一次要进行两次残留水泥浆的清理，第一次为浇筑混凝土后到混凝土终凝前，清理模板背面和落地混凝土，第二次为拆模后清理、维修和保养。严禁用大锤砸模板上的水泥块，各种模板面要涂脱模剂保护，模板光面向上码放，其他周转材料分规格码放整齐。

5. 经理部对劳务分包单位使用周转材料的承包指标按以下标准执行：模板、平台架、外挂架、支撑、背楞、穿墙螺栓、勾头螺栓、大模板铸钢件、碗扣架、架子管、顶底托等回收率100%；大模板、平台架、外挂架、支腿、背楞完好率100%；组合钢模板、穿墙螺栓、勾头螺栓完好率98%；扣件回收率97%、完好率96%；U形卡、山形件等回收率96%、完好率95%。

6. 竹编原板列入周转材料管理。使用单位在拼装模板时，应使用高速手动电锯切割，手电钻（或手动）钻孔后钉圆钉，以确保竹编板周转次数。

7. 周转材料停止使用时，立即组织退场，清点数量；对损坏、丢失的周转材料，应与租赁分公司共同核对确认。

8. 负责现场管理的材料人员应监督施工人员对施工垃圾的分拣，对外运的施工垃圾应进行检查，避免材料丢失。

9. 租用单位业务人员应按租赁合同建立周转材料租用核算台账和非标加工件、低值易耗品摊销台账，按月出具业务单据转财务列入工程成本。

10. 项目经理部材料科每月末与租赁分公司共同核对租赁费，以确保租赁费准确。

11. 租用单位要落实使用责任制度，对作业队（包工队）实行使用责任承包的办法。建立领发料手续，本着干什么、用什么、管什么的原则，责任必须落实到使用者，丢失损坏按规定负责赔偿。

12. 存放堆放要规范，各种周转料具都要分类按规范堆码整齐，符合现场管理要求。

13. 材料使用要合理，严禁长料短用、优材劣用；严禁用钢模板、钢跳板垫路、搭桥或挪作他用；严禁随意截锯焊接；组立与拆卸时不得从高处扔摔。碗扣式脚手架为专用脚手支撑架，不得挪作他用。

14. 维护保养要得当，应随拆、随整修、随保养，大模板、支撑料具、组合模板及配件要及时清理、刷油。组合钢模板现场只负责板面水泥清理和整平，缺筋板和堵头板不准随意焊接，否则一律按报废处理。

15. 大模板退场前应拆下支腿和三角平台架，符合进场状态；并清理维修达到标准后退回物资租赁分公司，按规格、型号码放整齐。

17. 施工现场危险品保管制度

施工现场危险品保管制度

1. 危险品入库验收时，要检查包装是否完整、密封，如发现有泄漏时，应立即换装符合要求的包装。

2. 对于贵重物品、易燃易爆和有毒物品，如油漆、稀料、杀菌药品、氧气瓶等，应根据材料性能采取必要的防雨、防潮、防爆措施，采取及时入库，专人管理，加设明显标志，严格执行领退料手续。

3. 危险品的领取应由工长亲自签字领取，用多少领多少，用不完的及时归还库房。

4. 使用危险物品必须注意安全，采取必要的防护安全措施。

5. 氧气瓶、乙炔瓶存放时要保持安全距离，不得混放，且远离火源，防止日光暴晒，最好直立存放在木格或铁格内，室内气温不宜超过 38℃，瓶口螺纹禁止上油，不能与油脂和可燃物接触。

18. 施工现场成品、半成品保护制度

施工现场成品、半成品保护制度

1. 进场的建筑材料成品、半成品必须严加保护，不得损坏。
2. 楼板、过梁、混凝土构件必须按规定码放整齐，严禁乱堆乱放。
3. 过梁、阳台板等小型构件要分规格码放整齐，严禁乱堆乱放。
4. 钢筋要分型号、分规格隔潮、防雨码放。
5. 木材分类、分规格码放整齐，加工好的成品应有专人保管。
6. 水泥必须入库保存，要有防潮、防雨措施。
7. 各种电器器件必须数好，保护存放，不得损坏。
8. 钢门窗各种成品铁件，应做好防雨、防撞、防挤压保护。
9. 铝合金成品应进行特殊保护处理。

19. 仓库保管制度

仓库保管制度

1. 在生产部领导下，负责仓库物料的保管、验收入库、出库等工作。

2. 仓库内应保持整齐整洁，各类材料物品应按化学成分、规格尺寸和存放条件分类放置保管，并做好标识。

3. 仓库保管员必须认真学习仓储知识，熟悉和掌握建筑材料的名称、规格、用途和使用方法。

4. 仓库保管员必须做好入库材料的保管保养工作，同时应做好仓库的通风、防潮、防火、防盗方面的工作。

5. 坚决把好材料验收入库关，做到规格不符不收，数量不足不收，质量不好不收。

6. 仓库材料必须按品种存放，设标志卡，做到整齐清洁，妥善保管，确保不短少、不损坏、不私借、不私吞、不腐朽变质。如因保管不善所造成的损失，由责任人负责赔偿。

7. 坚持定额发料的原则，定额外的用料必须严格控制，不怕麻烦，不做老好人。

8. 坚持按月盘点，做到账、物、卡相符，及时统计和汇总材料的库存及消耗情况，做好月报工作，做到既不积压、不饱滞，又不影响工程施工。

9. 周转材料调拨时应派专人丈量、点数、登记，做到准确无误。

10. 材料进场资料必须齐全，保管员需将质保资料送项目部技术负责人审核，对不符合要求的产品有权拒收。

11. 现场周转材料要分类型、分规格堆放整齐，不得私拉乱拿，必须专材专用。

20. 库存材料管理制度

库存材料管理制度

1. 库存材料应分类、分型、分规格码放整齐，做到易查、易找、易取。

2. 库存材料账目程序应与库存材料存放顺序尽可能保持一致，便于清库。

3. 出入库手续应详尽齐全，便于清仓盘库。

4. 库房应对不同材料进行分类入库。

5. 凡能以旧换新，决不可按消耗材料处理。

6. 库存材料必须做到限额领料，避免材料无故丢失或浪费。

7. 消耗材料应做到周清、周结，随时掌握库存情况。

8. 保管员应随时观察工程进度、用料情况，及时向有关领导提供各种材料信息。

9. 易燃易爆品、有毒品应采取有效措施进行特殊保管，并且远离施工区、生活区，配备足够的消防器材。

10. 材料库房未经保管员准许，其他人不得进入。

11. 加强库房内材料保护，保持材料干净。

12. 仓库保管员不应随意请假，仓库应保证全天为工程服务，保管人员离岗之前，必须派临时人员对仓库进行管理。

13. 易挥发、易锈蚀的材料，必须隔离存放。

14. 领料人员必须服从保管员的安排，在库房不得随意拿放材料。

21. 水泥库管理制度

水泥库管理制度

1. 水泥库必须有专人负责进行水泥的保管和发放。

2. 水泥库应做到防雨、防潮、堆放整齐。

3. 水泥入库应根据不同品种、厂牌、强度等级、批号分别堆放，不得混放。同一库房存放两种以上品种、等级的水泥，应分别标识，标识牌上应标明水泥品种、厂家、出厂日期及进库日期。

4. 水泥进库时，必须堆放整齐，同时分类堆放并挂牌。

5. 在发放水泥时，必须做到没有领料单不发，用途不明不发。发放水泥数量应与料单相符，并由领料人签名。

6. 每次发放完水泥后，要进行盘点，做到日清月结，并根据用量及时补充水泥，保证水泥的正常供应。

7. 要保持水泥库内干净无杂物，并及时清理落地水泥。

8. 每次进货或发货后，要及时锁门，以免造成损失。

5.1.2 机械设备管理制度

1. 工具管理制度

工具管理制度

1. 通用工具的配发由项目部按专业工种一次性配发给班组，按使用期限包干使用。

2. 通用工具管理由材料部门建立班组领用工具台账或工具卡片，由班组负责管理和使用，配发数量及使用期限按料具管理规定执行。

3. 通用工具的维修，在使用期限内的修理费由班组负责控制，超过规定标准的费用从班组经费中解决。

4. 配发给各专业工种班组或个人的工具，如丢失、损坏等一律不再无偿补发，维修、购置或租赁的费用一律自理。

5. 随机（车）使用配发的电缆线、焊把线、氧气（乙炔气）软管等均列入班组管理，坚持谁用谁管。

6. 工作调动或变换工种时，要交回原配发的全部工具。

7. 因特殊工程需用特种工具时，由项目工程技术人员提报计划，经主管领导审批，由材料部门采购提供，并建立工具账卡，工程完工后及时回收。

2. 机械设备使用管理规定

机械设备使用管理规定

1. 机械设备必须严格按照厂家说明书规定的要求和操作规程使用。

2. 施工时必须配备熟练的操作人员且必须身体健康，经过专门训练，方可上岗操作。

3. 特种作业人员（起重机械、起吊指挥、司索工、电梯驾驶等）必须按国家和省、市安全生产监察局的要求培训和考试，取得省、市安全生产监察局颁发的“特种作业人员安全操作证”后，方可上岗操作，并按国家规定的要求和期限进行审证。

4. 实习操作人员，必须持有实习证，在师傅的指挥下，才能操作机械设备。

5. 在非生产时间内，未经主管部门批准，任何人不得私自动用设备。

6. 新购或改装的大型施工设备应由公司设备科验收合格后方可投入运行，现场使用的机械设备都必须做好标志、挂牌。

7. 经过大修理的设备，应由有关部门验收，发给使用证后方可使用。

8. 机械使用必须贯彻“管用结合”、“人机固定”的原则，实行定人、定机、定岗位的岗位责任制。

9. 多班作业或多人操作的机械（如塔吊、升降机），应任命一名为机长，其余为组员。

10. 班组共同使用的机械以及一些不宜固定操作人员的机械设备，应将这类设备编为一组，任命一名机组长，对机组内所有设备负责。

11. 机长及机组长是机组的领导者和组织者，负责本机组设备的所有事宜。

12. 在交班时，机组负责人应及时、认真地填写机械设备运行记录。

13. 所有施工现场的各类人员必须严格执行机械设备的保养规程，应按机械设备的技术性能进行操作，必须严格执行定期保养制度，做好操作前、操作中和操作后的各类保养（如清洁、润滑、紧固、调整和防腐）工作。

3. 机械设备走合期制定

机械设备走合期制定

1. 一般机械的走合工作，由使用单位派修理工配合主管司机进行，特种和大型机械，由公司业务主管部门组织实施。

2. 机械（车辆）的走合期必须按说明书进行，要逐步加载，平稳操作，避免突然加速或加载。

3. 走合期内出现问题或异常现象时应及时停机，待找出原因，处理后方可继续运行。

4. 重点设备的走合期，必须在供方（厂方）和公司有关部门技术人员的指导下进行。

5. 走合期结束后，应进行一次全面的检查保养，更换润滑油脂，并由机械技术负责人在记录表上签章（车辆拆除限速器），交付正常使用。

4. 机械设备交接班制度

机械设备交接班制度

1. 两班以上作业的机械，必须严格遵守交接班制度。

2. 交接班内容：

① 本班完成任务情况、生产要求及其他应注意事项。

② 本班机械运转情况、燃油、润滑油的消耗和准备情况。

③ 本班保养情况、存在问题及注意事项。

④ 随机工具及配件。

3. 由交班人负责填写本班报表及交接班记录，接班人核实后交班人方可下班。

4. 严禁交班人任意隐瞒机械故障或存在问题。

5. 如因交接不清，设备在交班后发生问题，由接班人负责。

6. 交接班记录要求准确，逐项填写，经双方签认后方可交接，不得擅自涂改、遗失、撕毁。未填写（或未交接）交接班记录而造成的机械事故由交班司机负责。

5. 机械设备使用“三定”制度

机械设备使用“三定”制度

1. 凡需持证操作的设备必须执行定人、定机、定岗位的“三定”制度。

2. 大型多班多人作业的机械，由机长主管，其余为操作保管人。

3. 中型机械一班制时，采用一人一机，此人称机长或操作负责人。

4. 中小型机械采用一人多机，要挂牌以示管理范围，无法固定人员的多用途及附属性机械应由班组长或指定具体负责人员进行管理。

5. 为保证机长和操作人员的相对稳定，以及机械设备的合理使用和保养，要做到：

① 一般机械的主管司机（负责人）由项目经理部任命。

② 重点设备的司机长由使用单位提出人选，报公司审批后正式任命，并报上一级主管部门备案。

③ 机长（负责人）一经任命不能轻易调动，如需调动须经原审批单位批准。

6. 机械设备安全管理制度

机械设备安全管理制度

1. 购置机械设备应择优选购符合国家标准，有生产许可证，售后服务完 善，建设部定点或推荐产品。严禁购买淘汰、无生产许可证、不合格的产品。

2. 设备购入后，应及时检查该设备的合格证、使用说明书、零部件是否欠缺、完好，并做好开箱记录表。

3. 项目部之间调配的机械设备必须完好，附件配件齐全，由项目安全设备管理员到现场验收确认后方可调进，并办理交接手续。

4. 大型机械设备的安装拆卸，必须先编制施工方案，经公司审批后方可进行。装拆工作由公司大型机械安装队进行。大型机械设备安装调试完毕后，必须组织自检，并报公司验收，由公司安全设备科报市检测部门检测，在取得合格证后方可正式启动使用。大型设备的安装拆卸资料必须报公司和当地安监部门备案。

5. 中小型机械设备的安装拆卸工作由项目部组织进行，安装完毕后自行验收，并做好相关验收检查记录，部分验收检查资料报上级部门存档。

6. 必须根据工地现场的具体情况和特点合理配备相应的机械设备，并配备技术水平较高的操作人员和维修保养人员。

7. 大型机械操作人员必须经有关部门培训，经考试合格取得操作证后试用期满操作熟练方可独立作业，并按时验证复证。中小型机械设备操作人员必须经公司指定的培训部门培训合格取证后方可持证上岗。

8. 进一步提高操作人员的高度责任心的操作技术本领，作业人员必须遵守操作规程，做到“精心操作，杜绝违章”，能有效地掌握机械设备性能特点并具有一定的设备维修保养经验和能力。机械设备使用中一定要做到“勤检查、勤保养、勤联系”，保养必须遵循“清洁、润滑、紧固、调整、防腐”的十字作业方针，禁止设备带病运转。

9. 项目部安全设备管理人员必须定期对操作人员进行安全技术交底和操作规程交底，并根据不同的作业特点及时进行针对性的安全交底。操作人员必须进行例行检查和保养,并做好机械台班运行例保记录。禁止违章指挥和违章作业，在遇到所作业内容和设备状态危及设备和人身安全时，操作人员有权拒绝作业，现场管理人员必须立即予以制止并采取有效措施进行控制处理。

10. 现场施工机械实行“定人、定机、定岗位”的责任制，禁止无证作业。

11. 项目部必须组织对机械设备进行定期检查和专项检查，对危险作业内容进行监控，发现问题及时排除并建立机械设备管理台账，及时反馈机械设备使用情况和性能状况，以保证机械设备的使用安全，防止设备事故的发生。

7. 施工机具安全管理制度

施工机具安全管理制度

1. 施工机具应按其技术性能的要求正确使用，缺少安全装置或已失效的机械设备不得使用。

2. 严禁拆除机械设备上的自动控制机构、力矩限位器等安全装置及监测、指示、仪表、警报器等自动报警、信号装置。其调试和故障的排除应由专业人员负责进行。

3. 处在运行和运转中的机械严禁对其进行维修保养或调整等作业。

4. 施工机械设备应按时进行保养，当发现有漏保、失修或超载及带病运转等情况时，应停止其使用。

5. 施工机械操作人员必须身体健康，并经专业培训考试合格，取得特殊工种操作证后，方可独立操作。

6. 在有碍机械安全和人身健康场所使用时，机械设备应采取相应的安全措施，操作人员必须配备适用的安全防护用品。

7. 当使用机械设备与安全生产发生矛盾时，必须服从安全的要求。

8. 机械设备维修及保养制度

机械设备维修及保养制度

1. 各类机械设备保养要贯彻“定期、定项强制执行，养修并重，预防为主”的原则，保持机械设备经常处于完好状态。

2. 设备的定期保养周期、作业项目、技术规范，必须遵循设备各总成和零部件的磨损规律，结合使用条件，参照说明书的要求执行。

3. 定期保养一般分为例行保养和分级保养：分级保养为二级保养，以清洁、润滑、紧固、调整、防腐为主要内容。

4. 例行保养是由机械操作工或设备使用人员在上下班或交接班时间进行的保养，重点是清洁、润滑、检查，并做好记录。

5. 一级保养由机械操作工或机组人员执行，主要以润滑、紧固为重点，通过检查、紧固外部紧固件，并按润滑图表加注润滑脂，加添润滑油或更换滤芯等。

6. 二级保养由机管员协同机操工、机修工等人员执行，主要以紧固、调整为重点，除执行一级保养作业项目外，还应检查电气设备、操作系统、传动、制动、变速和行走机构的工作装置，以及紧固所有的紧固件。

7. 各级保养均应保证其系统性和完整性，必须按照规定或说明书规定的要求如期执行，不应有所偏废。

8. 机械设备的修理，按照作业范围可区分为小修、中修和大修：

① 小修：小修是维护性修理，主要是解决设备在使用过程中发生的故障和局部损伤，维护设备的正常运行，应尽可能按功能结合保养进行并做好记录。

② 中修：大型设备在每次转场前必须进行检查与修理，更换已磨损的零部件，对有问题的总成部件进行解体检查，整理电器控制部分，更换已损的线路。

③ 大修：大多数的总成部分即将到达极限磨损的程度，必须送生产厂家修理或委托有资格修理的单位进行修理。

9. 通过定期保养，减少施工机械在施工过程中噪声、振动、强光对环境造成的污染；在保养过程中产生的废油、废弃物，作业人员及时清理回收，确保其对环境影响达标。

9. 塔吊操作、维护与保养制度

塔吊操作、维护与保养制度

1. 起重机的操作人员必须经过训练，了解机械的构造和使用，必须熟知机械的保养和安全操作规程，非安装维护人员未经许可不得攀登塔机。操作人员操作时要精神集中，不超载使用。

2. 起重机的正常工作气温为 –20 ～ 40℃，风速低于 10.8m / s。

3. 在夜间工作时，除塔吊本身备有照明外，施工现场应备有充足的照明设施。

4. 在司机室内禁止存放润滑油、油棉纱及其他易燃易爆物品。

5. 起重机须有避雷针，且须有良好的接地。

6. 塔机定机定人，专机专人负责，非机组人员不得进入司机室擅自进行操作。在处理电气故障时，须有专职维修人员两人以上。

7. 司机操作严格按“十不吊”规则执行。

8. 司机操作时必须有专人指挥。

9. 使用时发现异常噪声或异常情况应立即停车检查。

10. 严禁快速换挡，慢速挡不得长期使用。

11. 回转制动器只能在回转停稳时使用，严禁当作制动“刹车”。

12. 工作中，吊钩不得斜拉或斜吊物品，禁止用于拔桩等类似的作业。

13. 发现绑扎不牢、指挥错误或不安全情况，应立即停止并提出改进意见。

14. 工作中严禁闲人走近塔臂回转活动范围以内。

15. 塔机作业完，回转机构松闸，吊钩升起。

16. 机械的制动器应经常进行检查和调整制动瓦和制动轮的间隙，以保证制动的灵活可靠，其间隙在 0.5 ～ 1mm 之间。在摩擦面上不应有污物存在，遇有污物即用汽油洗净。

17. 减速器、变速器、外啮合齿轮等部分的润滑按照润滑指标进行添加或更换润滑油（脂）。

18. 要注意检查各部钢丝绳有无断丝、松股现象，如超过有关的规定，必须立即更换。

19. 经常检查各部的连接情况，如有松动，应予以拧紧，塔身连接螺栓应在塔身受压时检查松紧度，所有连接销必带有开口销，并需张开。

20. 安装、拆卸和调整回转机构时，要注意保证回转机构与行星减速器的中心线与回转大齿圈的中心线平行，回转小齿轮与大齿轮圈的啮合面不小于 70%，配合间隙要合适。

5.1.3 施工现场安全管理制度

1. 安全管理目标

安全管理目标

1. 月工伤率控制在 ×%以下。
2. 各项安全技术措施达标 ×× 分以上。
3. 杜绝死亡事故。
4. 无火灾事故，无重大机械事故。
5. 安全生产无事故第　天。

2. 安全生产管理制度

安全生产管理制度

1. 贯彻执行国家和地方有关安全生产的法律、法规及各项安全管理规章制度。

2. 建立健全各级生产管理人员安全生产责任制。

3. 各项目工程的安全措施必须齐全、到位。安全技术资料必须齐全，无安全措施不准施工，未经验收的安全设施一律不准使用。

4. 坚持特殊工种持证上岗，对特殊工种按规定进行体检、培训、考核，签发作业合格证；未经培训的作业人员一律不准上岗作业。

5. 定期对职工进行安全教育，新工人入场后要进行“三级”安全教育。新进场工人、调换工种工人，未经安全教育考试，不准进场作业。

6. 发生工伤事故及时上报，严肃处理未遂事故的责任者。

7. 安全网、安全带、安全帽必须有材质证明，使用半年以上的安全网、安全带必须检验后方可使用。

8. 机械设备安全装置齐全有效，手持式电动工具必须全部安装漏电保护器。

9. 对采取新工艺、特殊结构的工程，必须先进行操作方法和安全教育，才能上岗操作。

10. 在安全教育基础上，每半年组织全体职工安全知识考试一次。

3. 安全技术管理制度

安全技术管理制度

1. 各级领导、工程技术人员、安全管理员、有关业务人员，必须熟悉、掌握安全生产的有关法律法规和技术标准，在管理施工生产技术的同时，管理好安全技术工作。总工程师（技术负责人）、主任工程师、项目技术负责人对各级施工生产的安全技术负责。

2. 施工组织设计或施工方案中，必须制定相应的安全技术措施。

3. 安全技术必须要有针对性和具体化。要针对不同工程的结构特点和不同施工方法，针对施工场地及场地周边环境等，从防治上、技术上和管理上提出相应的安全措施，所有安全技术措施都必须明确具体，能指导施工队。

4. 编制的安全技术措施，必须经过上一级技术负责人审查批准后方能执行。

5. 经过批准的安全技术措施，不得随意修改或拒不执行，否则，发生人员伤亡事故，要追究责任，如果由于安全技术措施内容有问题，发生伤亡事故，要追究编制人与审批人的责任。

6. 工程开工前，工程技术负责人要将工程概况、施工方法、安全技术措施等情况向全体职工进行安全技术措施交底。

7. 两个以上施工队或配合施工时，施工队长、工长要按工程进度定期或不定期向有关班组长进行交叉工作的安全交底。

8. 班组长每天要对工人进行施工要求、作业环境交底。

4. 安全生产检查和隐患整改制度

安全生产检查和隐患整改制度

1. 安全检查的内容主要有：查领导思想、查制度、查纪律、查管理、查隐患、查整改等。随着检查形式或检查规模的不同，会有所侧重。

2. 工地项目经理部每半月组织一次对该施工项目安全检查。

3. 各级安全员及安全值班人员须进行日常巡回安全检查。

4. 各级安全员在检查生产计划的同时，须检查安全生产。

5. 脚手架、上料平台、斜道的搭设、塔吊、垂直运输机（架）等大型施工机械的安装，现场施工用电路线架设等需经班组自检和有关部门专业验收合格后，与使用单位办理交接安全检查手续，方可使用。

6. 检查中查处的隐患发出“隐患整改通知书”后，以督促整改单位消除隐患。对有即发性事故危险的隐患，检查组、检查人员应责令停工，立即整改。

7. 被检查单位收到“隐患整改通知书”或“停工指令书”后，应立即进行整改，整改完成后及时通知有关部门进行复查。

5. 安全防护管理制度

安全防护管理制度

1. 在工程施工中，认真执行国家“施工安全检查评分标准”、“施工现场临时安全用电规范”以及省、市颁布的有关防雨、防滑、防雷、防暑降温和防毒等安全措施。

2. 对进入现场的工作人员，实行入场教育及上岗教育，对特殊工种的操作人员实施持证上岗。

3. 地下土方工程中，施工人员要经常注意边坡是否有裂痕、滑坡现象，一旦发现，应立即停止，待处理和加固后才能进行施工。

4. 各种脚手架在投入使用前，必须由施工负责人组织有支搭和使用脚手架的负责人及安全人员共同进行检查，履行交接验收手续。特殊脚手架，在支搭、拆装前，要由技术部门编制安全施工方案，并报上一级技术负责人审批后，方可施工。

5. 建筑物的出入口应搭设长 3 ~ 6m，宽于出入通道两侧各 1m 的防护棚，棚顶应铺满不小于 5cm 厚的脚手板，非出入口和通道两侧必须封严。临近施工区域，对人或物构成威胁的地方，必须支搭防护棚，确保人、物的安全。

6. 严格按照安全要求搞好“四口、五临边”防护措施。

6. 特种作业管理制度

特种作业管理制度

1. 从事特种作业的人员，必须进行安全教育和安全技术培训。

2. 特种作业人员应具备与本种作业相应的身体条件和相应的文化程度，并且经市安全生产监督管理局（特种设备作业人员经市质量技术监督局）考核合格，取得“特种作业操作资格证”，方可独立作业。

3. 离开特种作业岗位一年以上的特种作业人员，须重新进行安全技术考核，合格者方可从事原工种作业。

4. 对在安全生产和预防事故方面作出显著成绩者，给予适当奖励；对违章作业和造成事故者，根据违章或事故情节予以处罚。

7. 施工现场安全生产管理制度

施工现场安全生产管理制度

1. 建筑工地成立以项目经理为第一责任人的安全生产领导小组和施工现场轮流安全值班制，落实安全责任制。施工管理人员必须执行分部分项安全技术交底和班前安全交底及注意事项。

2. 施工现场必须按照施工组织设计平面布置图，对道路、临时用电线路布置、仓库、加工车间作业场地、主要机械设备、办公地点、生活设施合理安排，布局应符合安全要求。现场必须设置安全宣传标语牌、安全警示牌。

3. 高处作业不得往下乱抛材料和工具、杂物等，施工区域内要有专人看护。

4. 组织施工人员学习安全生产有关规章制度，班组每周一为安全活动日。利用黑板报等形式宣传安全知识，提高职工安全生产自身保护意识，自觉遵守安全生产规章制度。新工人进场，要进行安全生产教育。

5. 施工现场临时用电，必须按《施工现场临时用电安全技术规范》JGJ 46-2012 要求实施，做到三级配电，两级保护，一机一闸一漏，照明用低压的规定，并有检查验收记录。

6. 对于脚手架搭设、塔式起重机、井架的安装必须有方案，并经检查验收，合格后方可使用。对安全网拉设、“四口”、“五临边”防护设施完成后，经项目部检查验收，合格后方可使用，并经常检查维修，确保安全有效。

7. 施工管理人员应经常深入现场，注意和关心所施工区域内的安全生产和工人遵章守纪情况，发现违章及时纠正。专职安全员要深入现场检查，发现问题及时处理，并组织定期检查，查制度的落实，查设备完好，查安全设施，查操作行为，查安全“三宝”使用，查现场文明施工，做到防患于未然。

8. 施工现场分项工程安全技术交底制度

施工现场分项工程安全技术交底制度

1. 施工现场各分项工程在施工前必须进行安全技术交底。

2. 施工员在安排分项工程生产任务的同时，必须向作业人员进行有针对性的安全技术交底。

3. 各专业分包单位，由施工管理人员向其作业人员进行作业前的安全技术交底。

4. 安全技术交底使用范本时，应在补充交底栏内填写有针对性的内容，按分项工程的特点进行交底，不准留有空白。

5. 安全技术交底使用应按工程结构层次的变化反复进行。

6. 安全技术交底必须履行交底认签手续，由交底人签字，由被交底班组的集体签字认可，不准代签和漏签。

7. 安全技术交底必须准确填写交底作业部位和交底日期。

8. 安全技术交底的签字记录，施工员必须及时提交给安全台账资料管理员。安全台账资料管理员要及时收集、整理和归档。

9. 施工现场安全员必须认真履行检查、监督职责。切实保证安全技术交底工作不流于形式，提高全体作业人员安全生产的自我保护意识。

9. 施工现场临时设施申请报告规定

施工现场临时设施申请报告规定

1. 施工现场临时用电、安全防护、现场照明、消防保卫、防尘、防噪声污染的内容应专门编制方案，不属于本规定范围。

2. 编制临时设施方案应根据建筑图纸和现场实际情况，认真了解地上、地下障碍物、市政管线、架空电力电缆线路、周边交通状况、居民出行居住情况，本着方便施工，厉行节约，不扰民、不影响交通、符合公司 CIS 形象设计和文明施工的要求。因手续不全需提前入场时，应根据建筑物位置和现场的实际情况，编制临设方案。

3. 各项目经理部根据已中标工程文件或进场通知，经公司同意在进入施工现场 10 日内，编制现场临时设施方案，报公司施工管理部、行政保卫部批准后执行。

4. 临时设施方案的编制，由项目经理负责，项目副经理组织技术、生产、安全、材料、消防保卫、行政卫生等业务人员讨论编制，在讨论中各业务人员要根据相关业务的有关要求，提出意见和建议，由技术人员编制平面图并提出书面方案，由经理签字后上报公司。公司在接到上述申请计划五日内作出批复，逾期未批复的视为确认。

5. 临设的位置、面积和主要内容，应编入正式的施工组织设计。

6. 临设方案报施工管理部、行政保卫部审批后，报送所在区、县规划局批准，方可组织实施。

7. 临设方案的内容：

① 临设平面布置图（图例1：100）。图中标明相邻主要街道名称。

② 经理部、甲方和监理办公用房与民工宿舍的位置、房屋的种类、面积、间数、层数、过冬的取暖、夏季的降温方式及用品。

③ 厨房的位置、间数、面积、燃料和灶具的种类。

④ 民工宿舍内床铺的层数及拟住人数。

⑤ 厕所的位置及排污的方式。

⑥ 大门的位置。当有两个及两个以上大门时，还要标出正规大门和门岗的位置。

⑦"一图、二牌、四板"的规格和使用材料、工地围墙的高度和材质、外观的形象标志。

⑧ 硬化地面的位置、面积、厚度、硬化的材料、原有围墙及构筑物的处理办法。

⑨ 会议室内设施的种类和桌椅的数量及标准。

⑩ 搅拌站、钢筋加工棚、木工棚、配电设施的防雨、防砸棚及围栏的材料和做法。

8. 项目经理部按上述内容上报项目计划时，应一并上报费用支出计划，由公司经营管理部批准预算。

9. 编制和实施临时设施方案的几点要求：

① 未经批准，不得购用豪华办公桌椅。

② 未经批准，不得使用空调和电热器具。

③ 未经批准，不得使用照明灯箱式广告牌。

④ 硬化地面要提前安排好过路电缆和水管的位置。

⑤ 要尽可能利用现场原有建筑物作临时用房。

⑥ 如民工宿舍区不在施工现场内，应另附居住区平面图，并说明所在位置。

10. 项目经理部收到公司批准文书后，应按批准的计划项目和费用标准及时组织施工。如违反本规定时，按以下标准处罚：

① 不报方案，罚项目经理100元，并限期补报方案。

② 未经批准就实施的，罚经理部1000元，责令经理部停止施工，待方案批准后方可实施。

③ 与方案不符的，罚项目副经理100元，并限期按方案改正。

④ 超标准或超费用计划开支时，对项目经理罚款500元，其超支金额从经理部工资总额中扣除。

5.1.4 施工现场消防管理制度

1. 消防保卫管理制度

消防保卫管理制度

1. 建立消防保卫领导小组和义务消防队。

2. 现场消防道路畅通，标志明显，器材设备符合规定。现场严禁吸烟，不准随便动用消防器材，违者按消防条例处罚。

3. 易燃易爆物品单独存放，严格执行领退料手续。

4. 特殊工种持证上岗，明火作业要有用火证，专人看火并配灭火器。

5. 施工组织设计要有消防、保卫措施方案及设施平面布置图，并按照有关规定报公安监督机关审批或备案。应制定治安保卫和消防工作预案。

6. 施工现场要建立门卫和巡逻护场制度，护场守卫人员要佩戴执勤标志。实行凭证件出入的制度。

7. 更衣室、财会室及职工宿舍等易发案部位要指定专人管理，制定防范措施，防止发生盗窃案件。

8. 严禁赌博、酗酒、传播淫秽物品和打架斗殴。

9. 工程的关键部位和关键工序，要制定保卫措施。

10. 电工、焊工从事电气设备安装和电、气焊切割作业，要有操作证和用火证，并配备看火人员和灭火用具。

11. 使用电气设备和易燃易爆物品，必须指定防火负责人，配备灭火器材。

12. 因施工需要搭设临时建筑，应符合防盗、防火要求，不得使用易燃材料。

13. 在施工中要坚持防火安全交底制度。

14. 施工材料的存放、保管，应符合防火安全要求，库房应用非燃材料支搭。易燃易爆物品应专库储存，分类单独存放，保持通风，用电符合防火规定。不准在工程内、库房内调配油漆、稀料。

2. 施工现场动用明火审批制度

施工现场动用明火审批制度

1. 一级动火审批制度

禁火区域内，油罐、油箱、油槽车和储存过可燃气体、易燃气体的容器以及连接在一起的辅助设备，各种受压设备，危险性较大的登高焊、割作业，比较密闭的室内、容器内、地下室等场所进行动火作业，由动火部门填写动火申请表，项目副经理召集项目安全员、施工负责人、焊工等进行现场检查，在落实安全防火措施的前提下，由项目副经理、焊工、项目安全员在申请单上签名，然后提交项目防火负责人审查后报公司，经公司安全部门主管防火工作负责人审核，在一周前将动火许可证和动火安全技术措施方案，报上一级主管部门及所在地区消防部门审查，经批准后方可动火。

2. 二级动火审批制度

在具有一定危险因素的非禁火区域内进行临时焊割等动火作业，小型油箱等容器、登高焊割、节假日期间等动火作业，由项目施工负责人在4天前填写动火许可证，并附上安全技术措施方案，项目副经理召集项目安全员、施工负责人、焊工等进行现场检查，在落实防火安全措施的前提下，由项目副经理、焊工、项目安全员在申请单上签名，报公司安全部门审批，批准后方可动火。

3. 三级动火的审批制度

在非固定的、无明显危险因素的场所进行动火作业，由申请动火者填写动火申请单，在3天前提出，经焊工监护人签署意见后，报项目防火负责人审查，批准后方可动火。

3. 工地防火检查制度

工地防火检查制度

1. 项目经理部每月定期组织有关人员进行一次防火安全专项检查；每周一次定期安全检查中对防火安全进行检查。

2. 检查以宿舍、仓库、木工间、食堂、脚手架等为重点部位，发现隐患，及时整改，并做好防范工作。

3. 宿舍内严禁使用电炉、煤油炉，检查时如有发现，除没收器物外，罚款 50 元。

4. 木工间不得吸烟，木屑刨花每天做好落手清，如堆积不能及时清运的，处以罚款 50 元，木工间发现有人吸烟者罚款 10 元。

5. 按规定时间对灭火器进行药物检查，发现药物过期、失效的灭火器，应及时更换，以确保灭火器材处于正常可使用状态。

6. 施工现场用电应严格按照用电的安全管理规定，加强用电管理，预防电气火灾。

4. 电焊间

电焊间

1. 电焊间防火安全工作由组长全面负责，对作业人员要加强安全宣传教育，增强防火观念和灭火技术水平。

2. 建立动用明火审批制度，做好审批工作，操作时，应带好“两证”（特种工种操作证、动火审批许可证），并配备好灭火器，落实动火监护人，焊割作业应严格遵守“电焊十不烧”及压力容器使用规定。

3. 作业场内严禁烟火，违章按规定罚款处理。

4. 灭火器放置必须符合要求，经常进行检查，发现药物及压力表失效时，及时与工地安全员联系进行更换。

5. 各类安全防火警告标志牌的悬挂必须醒目、齐全。

6. 开展经常性防火自我检查，发现隐患，及时进行处理。

5. 木工间

木工间

1. 木工间由木工组长负责防火工作，对本组作业人员开展经常性的安全防火教育，增强防火意识和灭火技术。

2. 木工间制作职工对安全防火知识必须有深刻的认识，木工间的落手清工作必须做好，下班前要随手把锯末、刨花、木头片等清理干净，保持木工间整洁。

3. 木工间应尽量不堆或少堆木料，放在露天的木头应遮盖，四周清理干净，堆放木制品的房间要打扫干净。

4. 木工场地严禁吸烟，冬季严禁使用带电、明火取暖设备。

5. 刨花、木屑要随时清理，并做到料完场清。

6. 按国标设置安全标志牌，做好防火安全检查工作，发现隐患，及时整改。

7. 木工间非作业人员严禁入内，一旦发生人为火灾事故，应追究当事人责任。

6. 油漆间

油漆间

1. 施工场地油漆间设专职的仓库保管员进行管理。

2. 仓库保管员应具备懂得化学危险品的基本性质，做到工作认真。

3. 建立“禁火区”动火审批制度。室内电器设备应符合防火、防爆要求。

4. 严禁库内吸烟，对违者进行严格处罚。

5. 正确配置灭火器材，做好定期检查。

6. 油漆间非作业人员严禁入内。

7. 材料仓库

材料仓库

1. 施工现场材料仓库的安全防火由材料仓库管理人员全面负责。

2. 对进入仓库的易燃物品要按类存放，并挂设好警示牌和灭火器。

3. 经常注意季节性变化情况，高温期间如气温超过 38℃以上时，应及时采取措施，防止易燃品自燃起火。

4. 仓库间电灯要求吸顶，离地不得低于 2.4m，电线敷设规范，夜间要按时熄灯。

5. 工地其他易燃材料不得堆垛在仓库边，如需要堆物时，离仓库边保持 6m 以外，并挂设好灭火器。

6. 严格检查制度，做好上下班前后的检查工作。

8. 机修间

机修间

1. 机修间的安全防火工作由机管员全面负责。

2. 机修间各种防火警告牌必须齐全，各种制度悬挂上墙。

3. 机械设备安放位置选择合理，电线及配电箱设置规范，做好机械的接地或接零。下班时切断电源。

4. 油类物品要归类存放，配备一定数量有效的灭火器。

5. 按规定做好每天的检查工作，发现火灾隐患，及时采取措施。

9. 职工宿舍

职工宿舍

1. 职工宿舍防火工作由室长负责，室员共同配合。

2. 宿舍内严禁使用电功率过大器具。

3. 宿舍内电线由电工安装完毕后，禁止他人乱拉乱接乱改。

4. 严禁躺在床上吸烟，电扇不得放在床内吹风。

5. 职工宿舍每 $50m^2$ 设置一只灭火级别不小于 3A 的灭火器，定期检查其使用可靠性，按时补换药物。

6. 防火工作负责人要保持高度警惕，经常巡视生活区域及宿舍，发现危险因素，及时消除隐患。

10. 食堂

食堂

1. 炊事员应负责天天打扫食堂周围环境，食材、物品应堆放整齐。堆放的柴火不宜过多，以用一天的柴草为宜，每餐烧好后，应整理好柴草，及时熄灭火种，严禁火种引出。

2. 食堂除炊事员外任何人不得擅自动用灶火。

3. 每餐生活垃圾必须及时清理掉，用箩筐倒入垃圾箱内。经理部防火领导小组和生活卫生小组每天做一次防火、卫生大检查。

4. 对食堂炊事员要及时进行防火知识教育，食堂必须按规范配备安全灭火器，并对全体职工进行不定期的安全防火知识教育。

11. 易燃易爆物资存放与管理制度

易燃易爆物资存放与管理制度

1. 施工材料的存放、保管应符合防火安全的要求。易燃易爆物品应分类、单独堆放，保持通风，用电符合防火规定。

2. 化学易燃物品可压缩可燃性气体容器等，应按其性质设置专用库房存放。

3. 建筑工程内部不准作为仓库使用，不准积存易燃可燃材料。

4. 使用易燃易爆物品时，必须严格注意防火措施，指定防火负责人，配备灭火器材，确保施工安全。

5. 领用方面，仓库保管员必须进行登记工作，作业完入库时进行检查，以确保每次领用时能做到心中有数。

12. 施工用电的安全技术交底制度

施工用电的安全技术交底制度

1. 进行临时用电工程的安全技术交底，必须分部分项且按进度进行。不准一次性完成全部施工交底工作。

2. 设有监护人的场所，必须在作业前对全体人员进行技术交底。

3. 对电气设备的试验、检测、调试、检修前及检修后的通电试验前，必须进行技术交底。

4. 交底项目必须齐全，包括使用的劳动保护用品及工具，有关法规内容，有关安全操作规程内容和保证工程质量的要求，以及作业人员活动范围和注意事项等。

5. 填写交底记录要层次清晰，交底人、被交底人及交底负责人必须分别签字，并准确注明交底时间。

13. 施工现场用电检查制度

施工现场用电检查制度

1. 施工现场的电气设备必须具有有效的安全措施，无有效安全技术措施的电气设备不准使用。

2. 必须经常对现场的电气线路和设备进行安全检查。对电气绝缘、接地接零电阻、漏电保护器等开关是否完好，必须定期测试。对现场所用各种线路老化、破皮、漏电现象及时更换，并做好书面记录。

3. 发现使用碘钨灯和家用加热器（包括电炉、热得快、电热杯、电饭煲）取暖、烧水、烹饪等情况，责令停止使用，按供电局规定处以 50 ~ 500 元罚款，该费用在各班组中扣除。

4. 发现私拉电线、违章用电应及时制止、切断。违者要进行罚款。

5. 夜间施工须有电工、机修班派员值班，及时安排作业区域的照明用电。

6. 施工现场电气设备及电气绝缘、接地接零电阻、漏电保护器等开关是否完好由现场电工、机修工履行检查并监督。

7. 各职工严禁在使用的电线上随意晾晒衣服，造成后果者，一切责任自负。

8. 为确保安全，严禁在使用电线中段或灯头上挂钩用电，违者按工地治安综合管理奖惩制度处罚。

9. 严禁用铜丝、钢丝替代保险丝。一经发现，违者处以 10 ~ 50 元的罚款，造成不良后果者，一切责任自负。

5.1.5　施工现场治安保卫制度

1. 门卫管理制度

门卫管理制度

1. 门卫人员必须加强工作责任心，严格各项制度的落实。

2. 未经许可，任何人不得将公物及材料携出工地大门。

3. 外来人员未经许可，不得进入施工现场。

4. 外来人员未经同意，不得留宿工地，外出职工不得迟于每日 23 时归队。

5. 负责做好门卫区域的环卫工作。

6. 认真做好信件、报刊的收发工作。

7. 门卫值班人员必须严格执行出入现场的会客登记制度，认真履行登记手续，对所有进出现场的车辆进行必要的检查和登记。

8. 门卫值班人员不得擅自离岗，亦不得随便让他人代岗。严禁酒后值班。

9. 门卫值班人员必须认真填写值班记录，做好交接班的有关事宜。

2. 人员进出场制度

人员进出场制度

1. 未经门卫许可，任何人不得进入工地和宿舍区。

2. 经批准在工地录用人员，由接收班组的班组长先带到门卫进行个人信息登记，办理好有关手续。未办理好有关手续的，不作为本项目部的职工，一切后果自行承担。

3. 录用人员进场后 7 天内必须与接收班组签订劳务协议书，并上报治安科备案，否则将不予录用。

4. 录用人员必须服从领导安排，自觉地严格执行本工地的各项规章制度。

5. 持他人证件或假证件进场者，一经查实，视情处以 50 ~ 100 元罚款后予以清退。情节严重者送派出所处理。

6. 经组织批准的退场人员，由所属班组的班组长申请，经施工员签字，在门卫处领取本人在此工地应得的未领工资。

7. 任何人退场时或持包出门，门卫都必须进行登记和在门房履行行包检查手续。

8. 凡与门卫无理取闹者，按工地治安综合管理奖罚条例有关规定处理，情节恶劣者送派出所处理。

3. 夜间值班制度

夜间值班制度

1. 夜间值班时间，每天天黑至第二天天亮。

2. 值班员必须在每天上班前熟悉场内所有材料堆放的位置。

3. 上班期间必须做到：眼观六路，耳听八方，并做好值班记录。

4. 发现情况必须迅速向保卫科或上级领导汇报，以便及时处理。

5. 上班期间必须坚守工作岗位，不打瞌睡、不看书，不随意在自己房间内逗留。

6. 如夜间值班人员玩忽职守或里应外合盗窃工地财产，一经查实，严格查处。情节严重的依法追究责任。

7. 夜间值班人员在每天下班时，必须关掉照明灯，与门卫工作人员碰面，交代好有关事项，做好值班记录。

8. 夜间值班人员应按作息时间及时关掉多余的电灯照明，检查职工宿舍的作息情况，督促其熄灯睡觉。

4. 保安人员管理规定

保安人员管理规定

1. 值班室不准打与业务无关的电话，非保安人员不得进入值班室，任何人不准在值班室会客或聊天。

2. 遇到报警时，值班人员应沉着、冷静、准确地向有关部门或值班主管报告。值班人员不准错报，不准随便离开值班室，如擅自离岗，按失职论处。

3. 值班人员必须经常打扫卫生，保持值班室干净、整齐，各类控制台无灰尘。

5. 夜间施工报批规定

夜间施工报批规定

1. 无特殊情况，夜间施工必须在 22：00 前结束。

2. 各班组考虑工期、工程质量等因素，当天 22：00 前不能停止作业的班组，班组长应提前向队部相关管理人员做好有关工作。及时上报有关部门审批，审批后方可进行夜间施工。申请书内容包括：作业部位、作业人数、照明安排、申请作业时间、值班负责人安排、职工安全技术交底情况等。

3. 项目部应根据施工进度安排，提前向有关部门申报夜间施工的有关手续。

4. 夜间施工必须遵照国家安全生产管理条例，严禁盲目施工，不准安排一切不适合夜间作业的工人进行施工。

5. 对未办理夜间施工申请手续的班组，一经发现，项目部将对该班组进行 200 ～ 500 元罚款，并追究有关人员责任。

6. 夜间施工结束，应进行施工现场检查，确保施工现场安全。

6. 工地治安综合管理奖惩制度

工地治安综合管理奖惩制度

1. 全体职工都必须遵守有关规定，做一名合格职工。

2. 每个职工必须热爱自己的工作岗位，安心工作，服从领导，听从指挥，圆满完成上级下达的各项施工任务。

3. 职工之间、班组之间要互敬互爱，团结友好。发生矛盾时，大家都要互相让步，以共同方便施工作业为前提。解决不了时，要及时报请班组长或项目部领导协调解决。严禁轻易发生骂人、打人等粗暴行为。打架者要根据动手先后、是非程度及认错态度好坏，视情节处以 100 ～ 300 元的罚款。对群体性的打架行为，带头闹事者处以 1000 ～ 5000 元的罚款，并对所在班组长进行经济处罚，情节恶劣者报公安机关处理。

4. 严禁在工地内赌博或以娱乐为名进行变相赌博活动，否则一经查实，无论赌资大小，一律没收赌资、赌具并酌情处 100 ~ 500 元罚款。情节严重者开除并送公安机关。

5. 为了确保工地内的消防安全，任何职工都不得用煤油炉、电炒锅、电炉，否则一切后果自负。项目部视情节轻重程度给予 200 元的罚款。

6. 严禁使用钢锯条烧开水，项目部一经发现给以当事人罚款 500 元。

7. 工地内和生活区的临时生活用电，必须由项目部电工班电工负责安装，任何人都不得私接乱拉电线及私装灯头或插座，违者视情节严重程度给以当事人 100 元的罚款。如出现任何问题，一切后果由当事人负责。

8. 严禁在灯头上或电线中段上挂钩用电。违者每次罚款 100 元，如出现问题，一切后果自负。

9. 每个职工都要爱护工地和他人的财物，对偷窃工地和他人财物者，处以所窃财物价值的罚款，情节严重者，送公安机关处理并逐出项目部。

10. 全体人员都要有高度的集体主义思想，公私分明，严禁把工地材料随意拿作他用或私做家具和个人用品，违者视情处罚 50 ~ 200 元，严重者加倍处罚。

11. 全体人员都要爱护安全防护、防盗设施，破坏工地防盗设施及安全设施者，视情节严重处以 50 ~ 300 元的罚款，情节严重者报公安机关处理。

12. 本工地全体人员，应为本工地的工程施工、工程材料及工程安全尽心尽力，如和工地外社会上流浪人员里应外合进行盗窃者，或给工程施工造成不利后果者，除按制度处罚外，再视情节处以罚款 300 ~ 1000 元。情节严重者报公安机关处理。

13. 本工地职工无论在工地内或在工地外，都要遵纪守法，如在工地外社会上违法乱纪，兄弟单位或司法部门查至本工地，除一切后果由当事人负责外，本工地也要视情况按本工地有关规定作相应的处罚。

14. 安全帽是职工用来防护安全用的，任何人不得随意外借。借戴本工地的安全帽而后混入本工地的外来人员，一经查出，对出借安全帽者罚款 50 ~ 100 元。

15. 全体人员都有责任做好工程的成品保护工作，如破坏已粉刷好的内墙、踏步、门窗及玻璃，已安装好的各种管子，已穿好的各种电线及其他，一经查实，除损坏的材料和人工工资由其当事人承担外，再视情节罚款 50 ~ 200 元，情节严重者送公安机关处理。

16. 严禁无关人员随意动用机械设备，擅自开动或损坏机械设备者每次罚款 10 ~ 50 元，损坏者照价赔偿。

17. 为了确保工地和宿舍区的防火安全，严禁用明火及小太阳灯取暖，违者每次罚款 30 ~ 100 元。

18. 严禁男女混居，违者每次罚款 200 元，造成严重影响者严加惩处。

19. 要保护施工现场的卫生，严禁随处大小便，违者每次罚款 30 元。并清扫所有大小便。屡教不改者，严加惩处。

20. 禁止随地乱倒剩菜剩饭及污水等，严禁往窗户外泼水及倒废物，违者每次罚款 20 元。

21. 严禁私自使用家用电器做饭、取暖，违者罚款 200 元。

22. 每个职工都必须严格遵守本工地作息时间，宿舍内无特殊情况，每晚十点必须关灯，否则，每次处以同室人员罚款 5 元。

23. 任何职工严禁翻大门或翻围墙进入工地，违者每次罚款 100 元，情节严重者交治安部门处理。

24. 临时来本工地探亲访友的人员未经门卫许可不得入内。否则处以被访人罚款 20 元。

25. 非本工地施工人员严禁进入施工现场。.

26. 班组长要努力履行自己的职责，在职工中特别是新职工中及时传达本工地各项规章制度和条例，使工地的各项规章制度深入人心。

27. 班组长发现自己班组的职工有违法乱纪现象应及时阻止，如有违纪事实，职工中又不愿供出违纪人，则处违纪的有关人员、同班组人员或同室人每人罚款 50 ～ 600 元，或视违纪程度大小酌情处理。

28. 各班组必须按公安部门下达的社会治安综合治理的要求，管好自己的人，办好自己的事，及时安全圆满地完成项目部下达的各项施工指标及任务，否则，将按有关规定给予经济处罚。

29. 班组长如触犯本工地的有关规章制度，将按有关规定进行相关处罚。

30. 全体人员都必须积极支持，主动配合其他各部门的工作。

31. 全体人员都要养成良好的社会风气，多做好人好事，利人利己，并以事情大小进行奖励政策。

32. 奖励细则：

① 抓获破坏防盗及安全设施者，发给奖金 50 ～ 100 元或酌情奖励。

② 抓获偷窃工地材料者，奖给被偷窃价值的 20%，不足 30 元的以 30 元计。

③ 抓获偷窃私人财物者，奖给被偷窃价值的 50%（以新品计），不足 20 元的以 20 元计。

④ 抓获破坏工程成品（如已砌好的主体，已粉刷好的外墙，已做好的地坪，已装好的门窗玻璃等）者，发给奖金 50 ～ 100 元或酌情奖励。

⑤ 抓获破坏工程水电成品设施者（如已穿好的各种电线、各种管子和各种接线盒及其他），发给奖金 100 ～ 1000 元或酌情奖励。

⑥ 抓获破坏已做好的油漆成品者，发给 30 ~ 50 元的奖金或酌情奖励。

⑦ 抓获破坏机械设备者，发给奖金 50 ~ 100 元，或酌情奖励。

⑧ 发生火灾时能积极投入灭火，成绩显著者，发给奖金 50 ~ 200 元，或酌情重赏。

⑨ 在外来扰乱人员或工地内职工争吵及打架时能积极劝阻，效果显著者，发给奖金 50 ~ 200 元或酌情奖励。

5.1.6 施工现场环境管理制度

1. 文明施工管理制度

文明施工管理制度

1. 施工现场严格按照施工总平面布置图设置各项临时设施，设施布置整齐，出入口设门卫。

2. 施工现场道路及施工场地做好硬化处理，硬化处理后的道路、场地应平整、无积水。

3. 施工区域内，各类物品按施工平面布置要求分区整齐堆放，并按 IS0 9002 标准挂牌标识。

4. 现场搅拌机四周、材料场地周围及运输道路面上无废弃砂浆和混凝土，施工过程和运输过程中散落砂浆和混凝土，应及时清理使用，做到工完场清，并明确责任人。

5. 机械维修保养符合机械管理规定，挂牌标志整齐划一。

6. 施工过程必须坚决落实工完脚下清的责任制，每天的垃圾由操作工人或安排专人清理，并运往指定垃圾站堆放，按期送往消纳场，保证现场整洁、文明。

7. 施工区与生活区要严格分开，办公室、宿舍要做到整洁、卫生。

8. 现场大门内外及施工区、生活区划分有卫生责任区，并明确责任人，根据工程大小，安排专门人员负责现场的卫生及维护，使整个现场保持整洁卫生。

9. 运输车辆不准带泥土进出现场，并做到沿途不遗洒运输物。

10. 生活区保持卫生，无污物和污水，生活垃圾集中堆放，及时清理。

11. 工地食堂严格执行食品卫生法和食品卫生有关管理规定，并建立卫生值日及管理制度。

12. 工地消防设施及相关标志牌按有关规定配备齐全，符合要求，施工现场严禁吸烟。

13. 每周对文明施工情况检查一次，与经济奖罚挂钩。

2. 环境保护管理制度

环境保护管理制度

1. 施工组织设计必须考虑环境保护措施，并在施工作业中组织实施。

2. 坚决执行和贯彻国家及地方有关环境保护的法律、法规，杜绝环境污染和扰民。

3. 定期进行环保宣传教育活动，不断提高职工的环保意识和法制观念。

4. 清理施工垃圾，必须搭设封闭式临时专用垃圾道或采用容器吊运，严禁随意凌空抛撒。施工垃圾应及时清运，适量洒水，减少扬尘。

5. 施工现场的主要道路进行硬化处理，裸露的场地和集中堆放的土方采取覆盖、固化或绿化等措施。

6. 施工现场土方作业应采取防止扬尘措施。

7. 从事土方、渣土和施工垃圾运输应采用密闭式运输车辆或采取覆盖措施；施工现场出入口处应采取保证车辆清洁的措施。

8. 施工现场的材料和大模板等存放场地必须平整坚实。水泥和其他易飞扬的细颗粒建筑材料应密闭存放或采取覆盖等措施。

9. 施工现场混凝土搅拌场所应采取封闭、降尘措施。

10. 施工现场设置密闭式垃圾站，施工垃圾、生活垃圾分类存放，并及时清运出场。

11. 施工现场的机械设备、车辆的尾气排放符合国家环保排放标准的要求。

12. 施工现场设置排水沟及沉淀池，施工污水经沉淀后方可排入市政污水管网或河流。

13. 施工现场存放的油料和化学溶剂等物品应设有专门的库房，地面做防渗漏处理。废弃的油料和化学溶剂集中处理，不得随意倾倒。

14. 食堂设置隔油池，并及时清理。

15. 食堂、盥洗室、淋浴间的下水管线设置过滤网，并与市政污水管线连接，保证排水通畅。

16. 施工现场应按照现行国家标准《建筑施工场界噪声限值》（GB12523）和《建筑施工场界噪声测量方法》（GB 12524）制定降噪措施。

3. 卫生防疫管理制度

卫生防疫管理制度

1. 施工现场临时设施所用建筑材料应符合环保、消防要求。

2. 施工现场要天天打扫，保持整洁卫生，场地平整，道路畅通，做到无积水，有排水措施。

3. 施工现场应配备常用药品及绷带、止血带、颈托、担架等急救器材。

4. 施工现场宿舍必须设置可开启式窗户，宿舍内的床铺不得超过两层，严禁使用通铺。

5. 宿舍内的设置应符合国家有关规范的规定。

6. 食堂应设置在远离厕所、垃圾站、有毒有害场所等污染源的地方。

7. 食堂必须有卫生许可证，炊事人员必须持身体健康证上岗。炊事人员上岗应穿戴洁净的工作服、工作帽和口罩。不得穿工作服出食堂到工地外办事，非炊事人员不得随意进入制作间。

8. 食堂的炊具、餐具和公用饮水器具必须清洗消毒。

9. 施工现场应加强食品、原料的进货管理，食堂严禁出售变质食 品。

10. 食堂的设计、配备以及原料贮存必须符合国家卫生标准。

11. 施工现场应设置水冲式或移动式厕所，并有专人保洁。

12. 淋浴间内应设置满足需要的淋浴喷头，可设置储衣柜或挂衣架。盥洗设施应设置满足作业人员使用的盥洗池。

13. 生活区应设置开水炉、电热水器或饮用水保温桶，施工区应配备流动保温水桶。

14. 办公区和生活区应定期投放和喷洒灭蚊蝇药物。

15. 施工现场应设专职或兼职保洁员，负责卫生清扫和保洁。

16. 施工现场作业人员发生法定传染病、食物中毒或急性职业中毒时，必须在 2 小时内向施工现场所在地建设行政主管部门和有关部门报告，并应积极配合调查处理。

17. 现场施工人员患有法定传染病时，应及时进行隔离，并由卫生防疫部门进行处置。

4. 项目经理部主要职责

项目经理部主要职责

1. 在总经理领导下，会同有关部门协商组建项目经理部。

2. 对项目施工生产、经营管理工作全面负责。

3. 负责项目部环境因素、重大环境因素的识别、危险源、重大安全风险的识别与评定，建立项目部环境因素台账、重大环境因素清单、危险源台账和重大安全风险清单及控制计划。

4. 负责建立项目环境保证管理方案、作业指导书、应急响应预案及安全技术交底。

5. 负责配备满足要求的各类管理人员，建立健全项目各级人员环境职责分工，明确各级人员的责任。

6. 组织进行三级安全教育，进行环境、安全交底，进行分包方环境保护管理的考核和评定。

7. 负责配备足够的工程项目施工管理过程的环境保证资源，进行生产进度、成本的管理，保证项目环境，保证体系的运行。

8. 主持召开项目例会，对项目的整个生产经营活动进行组织、指挥、监督和协调。

5. 技术管理部主要职责

技术管理部主要职责

1. 认真传达并贯彻上级部门下达的环保方针、政策及工作任务，接受上级部门的监督检查。

2. 认真学习环保法律、法规和业务知识，深入施工现场，对各单位的环保工作进行监督、检查和指导，不断提高全公司环境保护管理水平。

3. 制定公司环境保护管理制度，组织、检查和督促各单位贯彻执行。

4. 组织各单位环保员进行业务学习和交流，积极推广环保科研革新等活动。

5. 积极配合营销人员做好各种技术服务工作，提供技术咨询与指导。

6. 组织技术成果及技术经济效益的评价工作，公司技术管理制度制定检查、监督、指导、考核专业管理工作，按时完成公司交办的其他任务。

6. 环境管理员主要职责

环境管理员主要职责

1. 对项目经理负责，贯彻实施环境方针和环境目标，协助建立、完善环境管理体系，确保其有效运行。

2. 负责工程项目环境管理方针和管理目标的落实，识别和控制施工现场重要环境因素，主要危险源情况，减少对相关方及员工的不良影响。

3. 负责环境管理体系文件收发工作，及时传递到有关人员手中，保证运行有效。

4. 负责与外部、本部门各层次之间的信息交流，并保持渠道畅通。

5. 负责收集整理有关记录，以备查阅。

6. 保证施工现场办公环境卫生整洁，无噪声，负责办公环境的定期消毒，防止流行病及传染病的发生，保证员工身体健康。

7. 防大气污染措施

防大气污染措施

1. 施工现场主要道路必须进行硬化处理。施工现场应采取覆盖、固化、绿化、洒水等有效措施，做到不泥泞、不扬尘。施工现场的材料存放区、大模板存放区等场地必须平整夯实。

2. 施工现场不得使用锅炉、烧煤的茶炉、大灶等；现场食堂必须使用清洁燃料，设施符合环保要求。

3. 规划市区内的施工现场，浇筑混凝土量超过 100m^3 的施工现场，必须使用预拌混凝土；未使用预拌混凝土的工地，必须在搅拌设备上安装除尘装置并将搅拌棚封闭。

4. 水泥和其他易飞扬的细颗粒物应在库内保存或严密遮盖。

5. 建立洒水清扫制度，配备洒水设备并指定专人负责洒水及清扫。

6. 建筑物内的施工垃圾清运必须采用封闭式专用垃圾道或封闭式容器吊运，严禁凌空抛撒。施工现场应设密闭式垃圾站，施工垃圾、生活垃圾分类存放。施工垃圾清运时应提前适量洒水，并按规定及时清运消纳。

7. 施工现场出入口必须设置洗车池，施工车辆出入现场要严格清洗车轮，防止泥砂带出现场；运土方、渣土车辆必须封闭，运输和卸运时防止遗撒。

8. 市政道路施工铣刨作业时，应采用冲洗等措施，控制扬尘污染。灰土和无机料拌合，应采用预拌料，碾压过程中要洒水降尘。

9. 遇有四级风以上天气不得进行土方以及其他可能产生扬尘污染的施工工序的施工。

10. 拆除旧有建筑时，应随时洒水，减少扬尘污染。渣土要在拆除施工完成之日起三日内清运完毕，并应遵守拆除工程的其他有关规定。

8. 防噪声污染措施

防噪声污染措施

1. 施工现场提倡文明施工，尽量减少人为的大声喧哗和噪声，增强全体施工人员防噪声扰民的自觉意识。

2. 施工现场采用低噪声的工艺和施工方法。

3. 强噪声作业时间的控制。凡在居民稠密区进行强噪声作业的，严格控制作业时间，晚间作业不超过22时，早晨作业不早于6时，特殊情况需连续作业（或夜间作业）的，应尽量采取降噪措施，事先做好周围群众的工作，并报工地所在的区、县环保局备案后方可施工。

4. 强噪声机械的降噪措施。

① 产生强噪声的成品、半成品加工、制作作业（如预制构件，木门窗制作等），应尽量放在工厂、车间内完成，减少因施工现场加工制作产生的噪声。

② 尽量选用低噪声或者有消声降噪设备的施工机械。施工现场的强噪声机械（如搅拌机、电锯、电刨、砂轮机等）要设置封闭的机械棚，以减少强噪声的扩散。

5. 加强施工现场的噪声监测。采用专人管理的原则，根据测量结果，凡超过《建筑施工场界噪声限值》标准的，要及时对施工现场噪声超标的有关因素进行调整，达到施工噪声不扰民的目的。

9. 防水污染措施

防水污染措施

1. 搅拌机前台、混凝土输送泵及运输车辆清洗处应设置沉淀池，废水不得直接排入市政污水管网，而是经过二次沉淀后循环使用或用于洒水降尘。

2. 现场存放油料，必须对库房进行防渗漏处理，储存和使用都要采取措施，防止油料泄漏污染水体。

3. 施工现场设置的食堂，应设置简易有效的隔油池，加强管理，专人负责定期掏油，防止污染。

4. 施工现场设置沉淀池，以实现废水回收，再用于浸砖、防尘、浇花等，提高水的重复利用率。

5.2　操作规程标志

各专业工种、机具、设备的操作规程是施工单位班组作业人员最基本的行为指南，必须学习和掌握。企业或项目部在编制安全操作规程时，下列资料可供参考。该资料源自解放军某部安全管理手册。

各操作规程标志牌如下。

5.2.1　施工人员安全操作规程牌

1. 起重工安全操作规程

起重工安全操作规程

1. 起重工须经专业安全技术培训并考试合格取得操作证后，方可上岗操作。
2. 作业前应对使用的起重设备、工具进行检查，确认正常后方可使用。
3. 坚持“十不吊”原则，有权拒绝违章指令。
4. 起吊前，必须正确掌握吊件重量，不允许起重机具超载使用。
5. 立式设备的吊装，应捆绑在重物的重心以上，如需捆绑在重心以下时，必须采取有效的安全措施，并经有关技术负责人批准。
6. 起吊前应在重物上系上牢固的溜绳，防止重物在吊装过程中摆动、旋转。
7. 起吊物不宜在空中长时间停留，若须停留应采取可靠的安全措施。
8. 缆风绳、溜绳跨越道路时，离路面高度不得低于 6m，并应悬挂明显标志或警示牌。
9. 吊装过程中，起重工应坚守岗位，听从指挥，发现问题应立即向指挥者报告，无指挥者的命令不得擅自操作。
10. 吊挂时，吊挂绳之间的夹角宜小于 120°，以避免吊挂绳受力过大。
11. 配合各种起重机械作业时应遵守该设备的有关安全规定。

2. 信号工安全操作规程

信号工安全操作规程

1. 信号指挥工佩戴“信号指挥”标志或特殊标志，安全帽、安全带、指挥旗、口哨俱备，并正确配合使用。

2. 提升系统声光信号分别为：声信号：一长声停止、二短声上行、三短声下行。光信号：红灯亮罐停止、红灯灭罐运行。

3. 必须了解吊运物件重量、堆放位置、其他固定物的连接和掩埋情况等，确定吊点、吊装方法的具体事宜。

4. 检查吊索具的磨损状况，有达到“报废”标准情况之一的立即更换。尚未达标准却有磨损程度轻的，必须降低其允许使用范围。

5. 检查吊索具、容器等是否符合要求，发现吊具有变形、扭曲、开焊、裂缝等情况必须及时处理，否则停止使用。

6. 准行信号发出 15 秒以上卷扬工没有开始提升操作，必须发出停止信号终止本次作业，和卷扬工电话沟通后重新发出作业信号。

7. 大型或贵重设备、爆破器材等物料，必须先和卷扬工电话沟通后，方可进行信号作业。

8. 信号指挥人员要站立得当，旗语（或手势）明显准确，哨声清晰洪亮，与旗语（手势）配合协调一致。上下信号密切联系，应当清楚地注视吊物起升、运转、就位的全过程。

9. 信号指挥者应当站在有利于保护自身安全，又能正常指挥作业的有效位置。

10. 吊物起吊 200 ~ 300mm 高度时，应停钩检查，待妥当后再行吊运。

11. 吊物悬空运转后突发异常时，指挥者应迅速视情况判断，紧急通告危险部位人员撤离。指挥塔吊司机将吊物慢慢放下，排除险情后，再行起吊。

12. 吊物时，严禁超低空从人的头顶位置越过，要保证吊物与人的头顶最小的安全距离不小于 lm。

13. 两台塔机交叉作业时，指挥人员必须相互配合，注意两吊机间的最小安全距离，以防两吊机相撞或吊物勾挂。

3. 架子工安全操作规程

架子工安全操作规程

1. 操作人员应持证上岗，操作时须佩戴安全帽、安全带，穿防滑鞋。

2. 钢管脚手架应用外径 48 ～ 51mm、壁厚 3 ～ 3.6mm 的钢管，长度以 4 ～ 6.5m 和 2.1 ～ 2.3m 为宜。有严重锈蚀、弯曲、压扁或裂纹的不得使用。

3. 大雾、雨雪天气和 6 级以上大风时，不得进行脚手架上的高处作业，雨雪天后作业，必须采取安全防滑措施。

4. 搭设作业时应按形成基体构架单元的要求，逐跨、逐排和逐步地进行，矩形周边脚手架宜从一个角部开始向两个方向延伸搭设，确保已搭部分稳定。

5. 在架上作业人员应穿好防滑鞋和挂好安全带，脚下应铺设必需数量的脚手板，并应铺设稳定，且不得有探头板。当暂时无法铺设落脚板时，用于落脚或抓握、把持的杆件均应为稳定的结构架部分。

6. 架上作业人员应做好分工和配合，传递杆件应掌握好重心，平稳传递。对已完成的上一道工序要相互询问并确认后才能进行下一道工序。

7. 木脚手板应用厚度不小于 5cm 的杉木或松木板，宽度以 20 ～ 30cm 为宜，凡是腐朽、扭曲、斜纹、破裂和大横杆透节的不得使用，板的两端 8cm 处应用镀锌铁丝箍绕 2 ～ 3 圈或用铁皮钉牢。

8. 钢管脚手架的立杆应垂直稳定地放在金属底座或垫木上。立杆间距不得大于设计要求值，小横杆间距不得大于 1.5m。钢管立杆、大横杆接头应错开，要用扣件连接，拧紧螺栓，不准用铁丝绑扎。

9. 抹灰、勾缝、油漆等外装修用的脚手架，宽度不得小于 0.8m，立杆间距不得大于 2m，小横杆间距不得大于 1.8m。

10. 每次收工以前，所有上架材料应全部搭设好，不要存留在架子上，而且一定要形成稳定的构架，不能形成稳定构架的部分应采取临时撑拉措施予以加固。

11. 在搭设作业中，地面上的配合人员应避开可能落物的区域。

12. 在搭设脚手架时，不准使用不合格的架设材料。

4. 油漆涂料工安全操作规程

油漆涂料工安全操作规程

1. 使用煤油、汽油、松香水、香蕉水等易燃物调配时，应佩戴好防护用品，室内通风良好，不准吸烟，并设置灭火器。

2. 外墙外窗悬空高处作业时，应戴好安全帽，系好安全带。安全带应高挂低用。

3. 沾染油漆或稀释剂类的棉纱、破布等物，应集中存放在金属箱内，不能使用时集中销毁或用碱性溶液洗净以备再用。

4. 用钢丝刷、板锉、气动或电动工具清除铁锈或铁鳞时，须戴好防护目镜；在涂刷红丹防锈漆和含铅颜料的油漆时，要注意防止铅中毒，操作时要戴口罩或防毒面具。

5. 刷涂耐酸、耐腐蚀的过氧乙烯涂料时，由于气味较大，有毒性，在刷涂时应戴好防毒口罩，每隔一小时要到室外换气一次。工作场所应保持良好的通风。

6. 使用天然漆（即国漆）时，要防止中毒。禁止已沾漆的手触摸身体的其他部位。中毒后要用香樟木块泡开水冲洗患部，也可用韭菜在患部搓揉，或去医院治疗。

7. 油漆窗子时，严禁站在或骑在窗栏上操作，以防栏断人落。刷封檐板或水落管时，应利用建筑脚手架或专用脚手架进行。

8. 刷坡度大于25℃的铁皮屋面时，应设置活动跳板防护栏杆和安全网。

9. 涂刷作业时，如感到头痛、恶心、心闷或心悸时，应立即停止作业，到户外换吸新鲜空气。

10. 夜间作业时，照明灯具应采用防爆灯具。涂刷大面积场地时，室内照明或电气设备必须按防爆等级规定安装。

5. 电焊工安全操作规程

电焊工安全操作规程

1. 电焊工必须经过有关部门安全技术培训，取得特种作业操作证后，方可独立操作上岗；明火作业必须履行审批手续。

2. 工作前应认真检查工具、设备是否完好，焊机的外壳是否可靠地接地。焊机的修理应由电气保养人员进行，其他人员不得拆修。

3. 工作前应认真检查工作环境，确认为正常方可开始工作，施工前穿戴好劳动保护用品，戴好安全帽。高空作业要系好安全带。敲焊渣、磨砂轮戴好平光眼镜。

4. 接拆电焊机电源线或电焊机发生故障，应会同电工一起进行修理，严防触电事故。

5. 接地线要牢靠安全，不准用脚手架、钢丝缆绳、机床等作接地线。

6. 在靠近易燃地方焊接，要有严格的防火措施，必要时须经安全员同意方可工作。焊接完毕应认真检查确无火源，才能离开工作场地。

7. 焊接密封容器、管子应先开好放气孔。修补已装过油的容器，应清洗干净，打开人孔盖或放气孔，才能进行焊接。

8. 在已使用过的罐体上进行焊接作业时，必须查明是否有易燃、易爆气体或物料，严禁在未查明之前动火焊接。焊钳、电焊线应经常检查、保养，发现有损坏应及时修好或更换，焊接过程发现短路现象应先关好焊机，再寻找短路原因，防止焊机烧坏。

9. 焊接吊篮、加强脚手架和重要结构应有足够的强度，并敲去焊渣认真检查是否安全、可靠。

10. 在容器内焊接，应注意通风，把有害烟尘排出，以防中毒。在狭小容器内焊接应有两人在场，一人施焊、一人监护，以防触电等事故。

11. 容器内油漆未干，有可燃气体散发时不准施焊。

12. 工作结束，应切断电焊机电源，并检查操作地点，确认无起火危险后，方可离开。

6. 气焊工安全操作规程

气焊工安全操作规程

1. 工作前应检查所有设备、工具并达到完好，防护用品齐全。

2. 凡独立操作的气焊工，必须持证上岗。

3. 氧气瓶、乙炔瓶和焊割工具不得沾染油脂、沥青等，否则应用脱脂剂洗净吹干。

4. 氧气瓶、乙炔瓶必须立放，严禁倒置。氧气瓶、乙炔瓶禁止接触明火，应加遮护，不得在烈日下曝晒和受高温热源辐射。冬季工作时，防止氧气胶管、乙炔胶管冻坏，须用不含油脂的蒸汽或热水暖化，严禁明火烘烤。

5. 禁止用明火和其他热源加热气瓶。

6. 氧气瓶、乙炔瓶相互间距离不得小于5m，与明火的距离不得小于10m。

7. 搬运氧气瓶、乙炔瓶，应轻抬轻放。无保护帽、防震圈的气瓶不得搬运或装车。乙炔气瓶上的易熔塞应朝向无人处。

8. 气割时，工件应用非可燃物垫离地面。

9. 当焊、割炬回火或连续产生爆鸣时，应及时切断乙炔气。

10. 施工完毕后，关闭全部阀门，禁止漏气，存放到指定地点。

7. 电工安全操作规程

电工安全操作规程

1. 操作人员必须持证上岗。

2. 电气操作人员应思想集中，电器线路在未经测电笔确定无电前，应一律视为“有电”，不可用手触摸，不可绝对相信绝缘体，应认为有电操作。

3. 所有绝缘、检验工具，应妥善保管，严禁他用，并应定期检查、校验。

4. 现场施工用高低压设备及线路，应按施工设计及有关电气安全技术规程安装和架设。

5. 施工现场夜间照明用电线及灯具，高度应不低于2.5m，易燃、易爆场所，应用防爆灯具。

6. 一切用电设备必须按“一机一闸一漏”电开关控制保护的原则，严禁一闸多用。

7. 电气（器）着火应立即将有关电源切断，使用泡沫灭火器或干砂灭火。

8. 登高作业必须两人以上，并戴好安全帽，对用电现场采取安全措施，对所有用电设备要有良好的接地，发现问题及时修理，不得带电运转。

9. 检查时应切断电源，挂上“不准合闸”的告示牌。

10. 检修送电必须认真检查，确定无问题，方能送电。

11. 发现异常情况，必须先查明原因，严禁在没有查明原因的情况下送电，以免造成严重后果。

12. 各种机械设备严禁超载运转，对违反安全操作规程的，有权停止供电。

13. 负责井架限位、避雷针装置、漏电开关定期测试工作，已发现失灵失效必须及时调换。

14. 发生人身触电事故，应立即采取有效的急救措施。

15. 严禁酒后作业。

16. 操作地段清理后，操作人员要亲自检查，如要送电试验，一定要和有关人员联系好，以免发生意外。

8. 钢筋工安全操作规程

钢筋工安全操作规程

1. 必须遵守钢筋机械安全操作规程。

2. 应根据不同作业项目，按规定正确穿戴劳动防护用品，如工作服、安全帽、手套、护目镜、口罩等。

3. 检查使用的工具、机械设备是否完好，作业场所的环境是否整洁，对焊机四周的防火设备是否完善，电气设备的安装是否符合要求，夜间作业点是否有足够的照明等，双层作业中，检查下层作业的安全防护设施，确认均符合要求，完好可靠后，方可进行作业。

4. 多人抬运长钢筋时，负荷应均匀，起落、转、停和走行要一致，以防扭腰砸脚。上下传递钢筋，不得站在同一垂直线上。

5. 用吊机吊送钢筋时，选用的吊具应符合吊重的安全规定，拴挂吊具、捆绑钢筋应牢靠，位置应正确，并有信号员指挥，必要时还要拴溜绳。吊送钢筋时，基坑或模板内的人员应散开或离开，以免钢筋滑落或摆动伤人。

6. 吊送钢筋时，扒杆摆动的范围内严禁站人，以防钢筋滑落伤人。

7. 人工调直钢筋时，应检查所有的工具完好性。

8. 拉直钢筋，卡头要卡牢，地锚要结实牢固，拉筋沿线 2m 区域内禁止行人。

9. 钢筋为易导电材料，因此，雷雨天气应停止露天作业，以防电击伤人。

10. 人工断料，工具必须牢固。

11. 弯曲钢筋时要紧握扳手，站稳脚步，身体保持平衡，防止钢筋折断或松脱。

12. 断料、配料、弯料等工作应在地面进行，不准在高空操作。钢材品种、半成品分别堆放整齐。制作场地要平整，工作台要稳固。

13. 现场绑扎悬空大梁钢筋时，必须在脚手板上操作。绑扎独立柱头钢筋时，不准站在钢筋上绑扎，必须有安全设施。

14. 在安装成品钢筋时，应检查模板、脚手板是否安全。如遇钢筋工程靠近高压线，必须有可靠的安全隔离措施，防止钢筋在回转时碰撞电线造成触电伤人。

15. 正确使用各种钢筋机械，操作时要思想集中，工作完毕后应切断电源。

9. 木工安全操作规程

木工安全操作规程

1. 必须遵守木工机械安全技术操作规程。

2. 室外作业必须遵守有关吊装工作安全操作规程。高处作业要系安全带，安全带应挂在作业人员上方的牢固处。

3. 立模前，应检查脚手架、脚手平台、栏杆、梯子等是否完善，确认符合规定后，方可进行作业。

4. 立模时，吊具应拴挂妥当、牢靠。在模板上拴有溜绳，以防模板摆动过大，撞物伤人。

5. 模板吊起对位时，应由信号员指挥，每竖立一块模板就位后，应支撑牢靠，方可摘钩，以防模板倾倒压伤人。

6. 模板支撑不得使用腐朽、扭裂、劈裂的材料，顶撑要垂直，底端平整坚实，并加垫木。木楔要钉牢，并用横顺拉杆和剪刀撑拉牢。

7. 采用桁架支模应严格检查，发现严重变形，螺栓松动等应及时修复。

8. 支模应按工序进行，模板没有固定前，不得进行下道工序，禁止利用拉杆、支撑攀登上、下。

9. 整节模板合拢后，应先打好内撑，装好外模顶端两道箍筋，以便保持模板的整体性，否则中途不得停止作业。

10. 使用电钻钻孔或穿拉杆螺栓时，应通知对方避开钻头和螺栓孔的位置，以防钻头和螺栓杆撞伤人。

11. 模板拆除前，应先将被拆模板的吊具拴固牢靠。拆模者应系挂安全带，站立的位置应安全可靠。

12. 拆除模板时，应用撬棍把模板拆松，离开混凝土面，操作时应按顺序分段进行，严禁猛撬、硬撬或大面积撬落和拉倒。下放模板时，缓慢下落，严禁抛掷，下方作业人员应离开上方模板拆除处一定的距离，以防物体坠落伤人。拆下的模板应及时运送到指定地点集中堆放，防止钉子扎脚，钉尖外露的应拔除或打弯锤平。

10. 瓦工安全操作规程

瓦工安全操作规程

1. 进入现场必须戴好安全帽，扣好帽带，不穿硬底及滑底鞋子。

2. 进入生产现场的作业人员，必须首先参加安全教育培训，考核合格后方可上岗作业，未经培训或考核不合格者，不得上岗作业。

3. 施工脚手板上堆放砖不得超过三皮，脚手板经检查后，安全合格后方可使用。

4. 作业需要搭脚手架或使用高凳时，必须垫稳、搁牢，不准用滚动物代替。高空作业时，严禁任意向地上丢物，劈三分砖时应向里档劈，并注意落手清。

5. 严禁乘井架吊篮上下，不得从架子上攀登。

6. 注意砌筑和粉刷施工时脚手架的安全，下雪天要清除余雪，雨天不准在无防滑措施下进行作业，脚手架所有系拉铁丝不得任意剪除，防止脚手架倒塌。

7. 在危险性大、有行人的地方，必须有防护措施，要征得安全员同意和要有现场安全措施时，方可施工。

8. 砌砖使用的工具、材料应放在稳妥的地方，工作完毕应将脚手板和砌体上的碎砖、灰浆等清扫干净，防止掉落伤人。

9. 作业高度超过 1.2m, 应搭设脚手架作业。在高度超过 4m 时，采用的脚手架必须支搭安全网，设置护身栏杆、挡脚板和脚手板后方可砌筑。

10. 对违章指令，操作人员有权拒绝，并上报有关部门。

11. 石工安全操作规程

石工安全操作规程

1. 搬运石料要拿稳放牢，绳索工具要牢固；两人抬运，应互相配合，动作一致；用车子或筐运送，不要装得太满，防止滚落伤人。运石料的车辆前后距离，在平道上不应小于 2m，坡道上不应小于 10m。

2. 往槽、坑、沟内运石料时，应用溜槽或吊运，下方严禁有人停留。堆放石料必须距槽、坑、沟边沿 1m 以外。

3. 凿击或加工石块时，应精神集中，作业时应戴护目镜，严禁两人面对面操作。

4. 用锤打石时，应先检查铁锤有无破裂，锤柄是否牢固。打锤要按照石纹走向落锤，锤口要平，落锤要准，同时要看清附近情况有无危险，然后落锤，以免伤人。

5. 不得在陡坡、槽、坑、沟边沿、墙顶、脚手架上和妨碍道路安全等场所进行石块凿击作业。

6. 石块不得抛掷。运石上下时，脚手板要钉装牢固，并钉防滑条及扶手栏杆。

7. 在脚手架上进行砌石作业时，应经常检查架子的稳定状况，堆放石料不得超过脚手架的规定荷载重量，且不得将石板斜靠在护栏上。工作完毕，必须将脚手架上的石渣碎片清扫干净。

12. 抹灰工安全操作规程

抹灰工安全操作规程

1. 建筑施工过程中必须坚持“安全第一、预防为主”的方针。

2. 脚手架使用前应检查脚手板是否有空隙、探头板、护身栏、挡脚板，确认合格，方可使用。吊篮架子升降由架子工负责，非架子工不得擅自拆改或升降。

3. 作业过程中遇有脚手架与建筑物之间拉结杆等，未经领导同意，严禁拆除。

必要时由架子工负责采取加固措施后，方可拆除。

4. 采用井字架、龙门架、外用电梯垂直运送材料时，预先检查卸料平台通道的两侧边安全防护是否齐全、牢固，吊盘（笼）内小推车必须加挡车掩，不得向井内探头张望。

5. 外装饰为多工种立体交叉作业，必须设置可靠的安全防护隔离层。贴面使用的预制件、大理石、瓷砖等，应堆放整齐、平稳，边用边运。安装时要稳拿稳放，待灌浆凝固稳定后，方可拆除临时支撑。废料、边角料严禁随意抛掷。

6. 脚手板不得搭设在门窗、暖气片、洗脸池等非承重的物器上。阳台通廊部位抹灰，外侧必须挂设安全网。严禁踩踏脚手架的护身栏杆和阳台栏板进行操作。

7. 室内抹灰采用高凳上铺脚手板时，宽度不得少于两块（50cm）脚手板，间距不得大于 2m，移动高凳时上面不得站人，作业人员最多不得超过 2 人。高度超过 2m 时，应由架子工搭设脚手架。

8. 室内推小车要稳，拐弯时不得猛拐。

9. 在高大门、窗旁作业时，必须将门窗扇关好，并插上插销。

10. 夜间或阴暗处作业．应用 36V 以下安全电压照明。

11. 瓷砖墙面作业时，瓷砖碎片不得向窗外抛扔。剔凿瓷砖应戴防护镜。

12. 使用电钻、砂轮等手持电动机具，必须装有漏电保护器，作业前应试机检查，作业时应戴绝缘手套。

13. 遇有六级以上强风、大雨、大雾，应停止室外高处作业。

13. 混凝土工安全操作规程

混凝土工安全操作规程

1. 工作前对使用的工具、运输道路、跳板、脚手架、模板支架等作业设施，必须进行安全检查，符合安全技术要求后方可作业。

2. 用井架运输时，小车把不得伸出笼外，车轮前后要挡牢，稳起稳落。

3. 浇筑混凝土使用的溜槽及串筒节间必须连接牢固。操作部位应有护身栏杆，不准直接站在溜槽帮上操作。

4. 用输送泵输送混凝土，管道接头、安全阀必须完好，管道的支架必须牢固，输送前必须试送，检修必须卸压。

5. 浇筑框架、梁、柱混凝土，应设操作台，不得直接站在模板或支撑上操作。

6. 浇捣拱形结构，应自两边拱脚对称同时进行；浇圈梁、雨篷、阳台，应设防护措施；浇捣料仓，下口应先行封闭，并铺设临时脚手架，以防人员坠下。

7. 不得在混凝土养护窑（池）边上站立和行走，并注意窑盖板和地沟孔洞，防止失足坠落。

8. 使用振动棒应穿胶鞋，湿手不得接触开关，电源线不得有破皮漏电。

9. 预应力灌浆，应严格按照规定压力进行，输浆管道应畅通，阀门接头要严密牢固。

10. 蒸汽养护时，作业人员要防止烫伤，并经常检查蒸汽管道、接头的安全状况，发现隐患及时处理。

14. 测量工安全操作规程

测量工安全操作规程

1. 进入现场必须按规定佩戴安全防护用品。

2. 作业时必须避让机械，躲开坑、槽、井，选择安全的路线和地点。

3. 上下槽沟、基坑应走安全梯或马道。在沟槽、基坑底作业前必须检查槽帮的稳定性，确认安全后再下槽、坑作业。

4. 高处作业必须走安全梯，临边作业时必须采取防坠落的措施。

5. 进入井、深基坑（槽）及构筑物内作业时，应在地面进出口处设专人监护。

6. 机械运转时，不得在机械运转范围内作业。

7. 在河流、湖泊等水中进行测量作业前必须先征得主管单位的同意，掌握水深、流速等情况，并根据现场情况采取防溺水措施。

8. 冬期施工不应在冰上进行作业。严冬期间需在冰上作业时，必须在作业前进行现场探测，充分掌握冰层厚度，确认安全后方可作业。

15. 管工安全操作规程

管工安全操作规程

1. 施工前，要仔细检查所使用的施工机械和工具。

2. 管子切割、打磨、除锈、开坡口等作业用的施工机具，应符合《建筑机械使用安全技术规程》及建筑工程施工现场供用电安全规定中有关施工机具安全操作的规定。

3. 在料场堆放、取用管子、管件时，应防止管堆滚动。

4. 敷设管道，应同时安装支、吊架，并将其固定。

5. 转动管子进行对口作业时，严禁将手指放入管道和法兰对口处，以及管道下方有横梁及支座的地方。

6. 严禁踩踏在阀门、手轮上作业或攀登。

7. 吊装管段、管件应捆紧绑牢。起吊时应将管内杂物清理干净，并防止管道摆动。

8. 管内有人作业时，严禁敲击管道。

9. 向中高压蒸汽管道送气，应严格按照送气方案进行。升压、升温速度不得过快，冷凝液应及时排尽。

10. 在管沟内作业前，应先检查沟壁，不得有土方松动、裂缝或渗水现象，否则应采取措施，处理合格后方可进行施工。

11. 人工套丝时，应站在手柄的侧面，两人操作动作应协调一致。

12. 用套丝机套丝时，管子要卡牢；机头转动时，不得用手去触摸转动的机头和调整刀具。

16. 安装钳工安全操作规程

安装钳工安全操作规程

1. 机械设备安装人员必须熟悉设备安装的安全技术要求，不得盲目施工。

2. 铲基础面时，面部应偏向侧面，不得对面作业。

3. 在进行转动设备的联轴节找正，以及转子、轴瓦、气缸、齿轮等各部间隙检查、调整时，手指不得伸入与工作无关的间隙和啮合部位。装配皮带及链条时，手指严禁放在皮带、链条与皮带轮、链轮之间，防止挤手。

4. 压缩机、汽轮机的上盖需要翻转时，应采用合理的翻转方法，防止摆动或冲击。

5. 严禁用汽油或酒精等易燃物品清洗零部件，作业区地面的油污应及时清除干净。

6. 电动机抽芯用的工具应安全可靠，防止工作时发生弯曲、变形、脱落和碰伤绕组线圈。

7. 钻孔时应扣好衣扣，扎紧袖口，严禁戴手套。小工件钻孔时应用卡具固定，严禁用手握工件施钻。

8. 施工所用的扳手、锤头、锉刀等工具上不得有油脂，手柄不得松动。

9. 使用台钻时，应将工具夹在钳口的中间部位，不得采取锤击、脚蹬或加套管等方法拧紧台钳。

10. 在台虎钳上敲击工件时，锤击方向应朝向固定钳口一边，不能朝向活动钳口一边。

11. 紧固螺栓时不得用力过猛，严禁在活动扳手手柄上加用套管。

12. 钳工在錾切作业时正前方不得站人，在案台上作业（双向有台钳）中间要加安全网。

17. 车工安全操作规程

车工安全操作规程

1. 工作前应检查机床各传动部分是否完好及各部位的润滑是否良好，检查电气系统是否安全可靠，并空转 3 ~ 5min。

2. 操作手必须按规定穿戴安全防护用品，不准戴手套操作。

3. 装卡工件后，扳手应及时取下，拖板及导轨上不准放卡具，工具、量具及工件等。

4. 更换刀具时必须停车，预防刀具和工件碰撞引发设备和人员损伤事故。

5. 加工偏心工件时必须用配重，工件要夹紧，车床高速切削工件时，工件正前方不允许站人，防止工件飞出伤人。

6. 车床工作过程中，不允许用手拉铁屑，防止铁屑划伤手指。

7. 加工细长工件时，通过主轴内孔的外露部分要加装托架，防止工件变形和摆动。

8. 高速切削和脆性物切削时，操作手必须戴眼镜。

9. 测量、擦拭工件时必须停车，不准在车头和工件上方传递物品。

10. 机床工作完后，做到人走机停，关闭电源。

11. 定期做好机床的检查、保养、调整和润滑。

12. 工作后应把机床擦拭干净，工件堆放整齐，废料清除。

5.2.2　施工机械安全操作规程牌

1. 电动工具安全操作规程

电动工具安全操作规程

1. 电动工具的绝缘电阻应定期用 500V 兆欧表进行测量，如带电部件与外壳之间绝缘电阻值达不到 2MΩ 时，必须进行维修处理。

2. 电动工具的电气部分经维修后，必须进行绝缘电阻测量及绝缘耐压试验，试验电压为 380V，试验时间为 1min。

3. 电动机具的操作开关应置于操作人员伸手可及的部位。当休息、下班或工作中突然停电时，应切断电源侧开关。

4. 使用可携式或移动式电动工具时，必须戴绝缘手套或站在绝缘垫上；移动工具时，不得提着电线或工具的转动部分。

5. 作业前的检查应符合下列要求：

（1）外壳、手柄不应出现裂缝、破损；

（2）电缆软线及插头等完好无损，开关动作正常，保护接零连接正确、牢固可靠；

（3）各部防护罩齐全牢固，电气保护装置可靠。

6. 机具启动后，应空载运转，应检查并确认机具联动灵活无阻。作业时，加力应平稳，不得用力过猛。

7. 严禁超载使用。作业中应注意声响及温升，发现异常应立即停机检查。在作业时间过长，机具温升超过60℃时，应停机，自然冷却后再行作业。

8. 作业中，不得用手触摸刃具、模具和砂轮，发现其有磨钝、破损情况时，应立即停机修整或更换，然后再继续进行作业。

9. 机具转动时，不得撒手不管。

10. 使用冲击电钻或电锤时，应符合下列要求：

（1）作业时应握紧电钻或电锤手柄，打孔时将钻头抵在工作表面，然后开动，用力适度，避免晃动；转速若急剧下降，应减少用力，防止电机过载，严禁用木杠加压；

（2）钻孔时，应注意避开混凝土中的钢筋；

（3）电钻和电锤为40%断续工作制，不得长时间连续使用；

（4）作业孔径在25mm以上时，应有稳固的作业平台，周围应设护栏。

11. 使用瓷片切割机时应符合下列要求：

（1）作业时应防止杂物、泥土混入电动机内，并应随时观察机壳温度，当机壳温度过高及产生炭刷火花时，应立即停止检查处理；

（2）切割过程中用力应均匀适当，推进刀片时不得用力过猛。发生刀片卡死时，应立即停机，慢慢退出刀片，重新对正后方可再切割。

12. 使用角向磨光机时应符合下列要求：

（1）砂轮应选用增强纤维树脂型，其安全线速度不得小于80m/s。配用的电缆与插头应具有加强绝缘性能，并不得任意更换；

（2）磨削作业时，应使砂轮与工作面保持15°～30°的倾斜位置；切削作业时，砂轮不得倾斜，并不得横向摆动。

13. 使用电剪时应符合下列要求：

（1）作业前应先根据钢板厚度调节刀头间隙量；

（2）作业时不得用力过猛，当遇刀轴往复次数急剧下降时，应立即减少推力。

14. 使用射钉枪时应符合下列要求：

（1）严禁用手掌推压钉管和将枪口对准人；

（2）击发时，应将射钉枪垂直压紧在工作面上，当两次扣动扳机，子弹均不击发时，应保持原射击位置数秒钟后，再退出射钉弹；

（3）在更换零件或断开射钉枪之前，射枪内均不得装有射钉弹。

15. 使用拉铆枪时应符合下列要求：

（1）被铆接物体上的铆钉孔应与铆钉滑配合，并不得过盈量太大；

（2）铆接时，当铆钉轴未拉断时，可重复扣动扳机，直到拉断为止，不得强行扭断或撬断；

（3）作业中，拉铆头子或柄帽若有松动，应立即拧紧。

2. 电剪安全操作规程

电剪安全操作规程

1. 作业前应先根据钢板厚度调节刀头间隙量。

2. 使用前应确定电源完好无损，电源插头插实后方可正常使用，操作必须戴手套。

3. 作业前的检查应符合下列要求：

（1）外壳、手柄不出现裂缝、破损；

（2）电缆软线及插头等完好无损，开关动作正常，保护接零连接正确、牢固可靠；

（3）各部防护罩齐全牢固，电气保护装置可靠。

4. 机具启动后，应空载运转，应检查并确认机具联动灵活无阻。作业时，加力应平稳，不得用力过猛。

5. 作业时，当遇刀轴往复次数急剧下降时，应立即减少推力。

6. 严禁超载使用。作业中应注意声响及温升，发现异常应立即停机检查。在作业时间过长，机具温升超过 60℃时，应停机，自然冷却后再行作业。

7. 作业中，不得用手触摸刃具，发现其有磨钝、破损情况时，应立即停机修整或更换，然后再继续进行作业。

8. 机具转动时，不得撒手不管。

3. 射钉枪安全操作规程

射钉枪安全操作规程

1. 操作人员必须经过培训、熟悉各部件性能、作用、结构特点及维护使用方法，其他人员均不得擅自动用。

2. 作业前必须对射钉枪做全面检查，射钉枪外壳、手柄无裂缝、破损；各部防护罩齐全牢固，保护装置可靠。

3. 严禁用手掌推压钉管和将枪口对准人。

4. 击发时，应将射钉枪垂直压紧压在工作面上，当两次扣动扳机，子弹均不发射时，应保持原射击位置数秒钟后，再退出射钉弹。

5. 在更换零件或断开射钉枪之前，射枪内均不得装有射钉弹。

6. 严禁超载使用。作业中应注意音响及温升，发现异常应立即停止使用，进行检查。

7. 射钉枪及其附件弹筒、火药、射钉必须分开，有专人负责保管。使用人员严格按领取料单数量准确发放，并收回剩余和用完的全部弹筒，发放和收回必须核对吻合。

8. 射钉枪使用注意事项

（1）必须了解被射物体的厚度、质量、墙内暗管、暗线和墙后面安装设备，是否符合射钉要求，如白灰土墙、空心砖墙、泡沫砖墙不能射钉。水泥墙应去掉墙上灰皮，见到砖后，符合要求才能射击。要求被射击物件厚度大于射钉长 2.5 倍。

（2）必须查看射击方向情况，防止射钉射穿后发生其他设备及人身的伤亡事故。在 2.5m 高度以下射击时，射击方向的物体背后禁止有人。

（3）弹药一经装入弹仓，射手不得离开射击地点，同时枪不离手，更不得随意转动枪口。严禁对着人开玩笑，防止走火发生意外事故。并尽量缩短射击时间。

（4）射手在操作时，要佩戴防护眼镜、手套和耳塞，周围严禁有闲人，以防发生意外。

（5）发射时，枪管与护罩必须紧紧贴在被射击平面上，严禁在凹凸不平的物体上发射。当第一枪未射入或未射牢固，严禁在原位补射第二枪，以防射钉穿击发生事故，在任何情况下都不准卸下防护罩射击。

（6）操作者必须站立或坐在稳固的地方发射，在高空作业时，必须拴有安全带。

(7) 当发现有“臭弹”或发现不灵现象时，应将枪身掀开，把子弹取出，查找出原因后再使用。

9. 射入点距离建筑物边缘不要过近（不少于 10cm），以防墙构件裂碎伤人

10. 严禁在易燃易爆场地射击，切不可在大理石、花岗石、铸铁等易碎或坚硬的物体上作业，严禁在能穿透的建筑物及钢板上作业。

4. 拉铆枪安全操作规程

拉铆枪安全操作规程

1．使用拉铆枪时应符合下列要求：

(1) 被铆接物体上的铆钉孔应与铆钉滑配合，并不得过盈量太大；

(2) 铆接时，当铆钉轴未拉断时，可重复扣动扳机，直到拉断为止，不得强行扭断或撬断；

(3) 作业中，拉铆头子或柄帽若有松动，应立即拧紧。

2．作业前的检查应符合下列要求：

(1) 外壳、手柄不出现裂缝、破损；

(2) 电缆软线及插头等完好无损，开关动作正常，保护接零连接正确、牢固可靠；

(3) 各部防护罩齐全牢固，电气保护装置可靠。

3．严禁超载使用。作业中应注意声响及温升，发现异常应立即停机检查。在作业时间过长，机具温升超过 60℃时，应停机，自然冷却后再行作业。

5. 冲击电钻、电锤安全操作规程

冲击电钻、电锤安全操作规程

1．作业前的检查应符合下列要求：

（1）外壳、手柄不出现裂缝、破损；

（2）电缆软线及插头等完好无损，开关动作正常，保护接零连接正确、牢固可靠；

（3）各部防护罩齐全牢固，电气保护装置可靠。

2. 机具启动后，应空载运转，应检查并确认机具联动灵活无阻。作业时，加力应平稳，不得用力过猛。

3. 作业时应握紧电钻或电锤手柄，打孔时先将钻头抵在工作表面，然后开动，用力适度，避免晃动；转速若急剧下降，应减少用力，防止电机过载，严禁用木杠加压。

4. 钻孔时，应注意避开混凝土中的钢筋。

5. 电钻和电锤为40%断续工作制，不得长时间连续使用。

6. 作业孔径在25mm以上时，应有稳固的作业平台，周围应设护栏。

7. 严禁超载使用。作业中应注意声响及温升，发现异常应立即停机检查。在作业时间过长、机具温升超过60℃时，应停机，自然冷却后再行作业。

8. 作业中，不得用手触摸刃具、模具和砂轮，发现其有磨钝、破损情况时，应立即停机修整或更换，然后再继续进行作业。

9. 机具转动时，不得撒手不管。

6. 塔式起重机安全操作规程

塔式起重机安全操作规程

1. 起重吊装的指挥人员必须持证上岗，作业时指挥人员与操作人员应密切配合，执行规定的指挥信号。操作人员应按照指挥人员的信号进行作业，当信号不清或错误时，操作人员可拒绝执行。

2. 起重机作业前，应检查轨道基础平直，无沉陷，鱼尾板连接螺栓及道钉无松动，并应清除轨道上的障碍物，松开夹轨器并向上固定好。

3. 启动前重点检查项目应符合下列要求：

（1）金属结构和工作机构的外观情况正常；

（2）各安全装置和各指示仪表齐全完好；

（3）各齿轮箱、液压油箱的油位符合规定；、

（4）主要部位连接螺栓无松动；

（5）钢丝绳磨损情况及各滑轮穿绕符合规定；

（6）供电电缆无破损。

4. 送电前，各控制器手柄应在零位。当接通电源时，应采用试电笔检查金属结构部分，确认无漏电后，方可上机。

5. 作业前，应进行空载运转，试验各工作机构是否运转正常，有无噪声及异响，各机构的制动器及安全防护装置是否有效，确认正常后方可作业。

6. 起吊重物时，重物和吊具的总重量不得超过起重机相应幅度下规定的起重量。

7. 应根据起吊重物和现场情况，选择适当的工作速度，操纵各控制器时应从停止点（零点）开始，依次逐级增加速度，严禁越档操作。在变换运转方向时，应将控制器手柄扳到零位，待电动机停转后再转向另一方向，不得直接变换运转方向和突然变速或制动。

8. 在吊钩提升、起重小车或行走大车运行到限位装置前，均应减速缓行到停止位置，并应与限位装置保持一定距离（吊钩不得小于 1m，行走轮不得小于 2m）。严禁采用限位装置作为停止运行的控制开关。

9. 动臂式起重机的起升、回转、行走可同时进行，变幅应单独进行。每次变幅后应对变幅部位进行检查。允许带载变幅的，当载荷达到额定起重量的 90% 及以上时，严禁变幅。

10. 操作前应松开夹轨器，按规定的方法将夹轨器固定，清除行走轨道的障碍物，检查跨轨两端行走限位止挡离端头不小于 2 ～ 3m，并检查道轨的平直度、坡度和两轨道的高差，应符合塔机的有关安全技术规定，路基不得有沉陷、溜坡、裂缝等现象。

11. 提升重物作水平移动时，应高出其跨越的障碍物 0.5m 以上。

12. 对于无中央集电环及起升机构不安装在回转部分的起重机，在作业时，不得顺一个方向连续回转。

13. 装有上、下两套操纵系统的起重机，不得上、下同时使用。

14. 作业中，当停电或电压下降时，应立即将控制器扳到零位，并切断电源。如吊钩上挂有重物，应稍松稍紧反复使用制动器，使重物缓慢地下降到安全地带。

15. 采用涡流制动调速系统的起重机，不得长时间使用低速挡或慢就位速度作业。

16. 作业中如遇六级及以上大风或阵风，应停止作业，锁紧夹轨器，将回转机构的制动器完全松开，起重臂应能随风转动。对轻型俯仰变幅起重机，应将起重臂落下并与塔身结构锁紧在一起。

17. 作业中，操作人员临时离开操纵室时，必须切断电源，锁紧夹轨器。

18. 起重机载人专用电梯严禁超员，其断绳保护装置必须可靠。当起重机作业时，严禁开动电梯。电梯停用时，应降至塔身底部位置，不得长时间悬在空中。

19. 起重机的变幅指示器、力矩限制器、起重量限制器以及各种行程限位开关等安全保护装置，应完好齐全、灵敏可靠，不得随意调整或拆除。严禁利用限制器和限位装置代替操纵机构。

20. 起重机作业时，起重臂和重物下方严禁有人停留、工作或通过。重物吊运时，严禁从人头上方通过。严禁用起重机载运人员。

21. 严禁使用起重机进行斜拉、斜吊和起吊地下埋设或凝固在地面上的重物以及其他不明重量的物体。现场浇筑的混凝土构件或模板，必须全部松动后方可起吊。

22. 严禁起吊重物长时间悬停在空中，作业中遇突发故障，应采取措施将重物降落到安全地方，并关闭发动机或切断电源后进行检修。在突然停电时，应立即把所有控制器拨到零位，断开电源总开关，并采取措施使重物降到地面。

23. 操纵室远离地面的起重机，在正常指挥发生困难时，地面及作业层（高空）的指挥人员均应采用对讲机等有效的通信联络进行指挥。

24. 作业完毕后，起重机应停放在轨道中间位置，起重臂应转到顺风方向，并松开回转制动器，小车及平衡臂应置于非工作状态，吊钩升到离起重臂顶端 2 ～ 3m 处。

25. 停机时，应将每个控制器拨回零位，依次断开各开关，关闭操纵室门窗，下机后，应锁紧夹轨器，使起重机与轨道固定，断开电源总开关，打开高空指示灯。

26. 检修人员上塔身、起重臂、平衡臂等高空部位检查或修理时，必须系好安全带。

27. 在寒冷季节，对停用起重机的电动机、电器柜、变阻器箱、制动器等，应严密遮盖。

7. 卷扬机安全操作规程

卷扬机安全操作规程

1. 卷扬机应安装在平整坚实、视野良好的地点，机身和地锚连接必须牢固，卷扬机筒与导向滑轮中心线应垂直对应，卷扬机距离井架滑轮一般应不小于 15m。

2. 作业前应检查钢丝绳、离合器、制动器、保险轮、传动滑轮等确认安全可靠方准操作。检查钢丝绳与井架有无摩擦情况。

3. 使用皮带或开式齿轮传动的部分，均应设防护罩，导向滑轮不得用开口拉板式滑轮。

4. 以动力正反转的卷扬机，卷筒旋转方向应与操纵开关上指示的方向一致。

5. 从卷筒中心线到第一个导向滑轮的距离，带槽卷筒应大于卷筒宽度的 15 倍；无槽卷筒应大于卷筒宽度的 20 倍。当钢丝绳在卷筒中间位置时，滑轮的位置应与卷筒轴线垂直，其垂直度允许偏差为 6°。

6. 钢丝绳应与卷筒及吊笼连接牢固，不得与机架或地面摩擦，通过道路时，应设过路保护装置。

7. 在卷扬机制动操作杆的行程范围内，不得有障碍物或阻卡现象。

8. 卷筒上的钢丝绳应排列整齐，当重叠或斜绕时，应停机重新排列，严禁在转动中手拉脚踩钢丝绳。

9. 作业中，任何人不得跨越正在作业的卷扬钢丝绳。物件提升后，操作人员不得离开卷扬机，物件或吊笼下面严禁人员停留或通过。休息时应将物件或吊笼降至地面。

10. 作业中如发现异响、制动不灵、制动带或轴承等温度剧烈上升等异常情况时，应立即停机检查，排除故障后方可使用。

11. 作业中停电时，应切断电源，将提升物件或吊笼降至地面。

12. 作业完毕应将料盘落地、关锁电箱。

8. 电动吊篮作业安全操作规程

电动吊篮作业安全操作规程

1. 电动吊篮操作人员要通过吊篮理论知识、安全操作技能的训练，考试合格并获得证明后方可操作吊篮。

2. 禁止拆开吊篮。

3. 关于施工现场运用的电动吊篮，产权单位均应派驻专业人员担任设备的修理保养和查看作业，保证吊篮的安全技能、功能和安全设备标准及有关规则的需求。每班作业前，产权单位的专业人员应对吊篮进行一次全部查看，查看合格后方可进行作业。

4. 施工作业时，禁止超越吊篮的额定载荷。作业时，吊篮下方禁止站人，禁止穿插作业。

5. 操作人员在作业中应当严格执行有关规则、标准、操作规程及产品说明书的要求，禁止违章操作。

6. 操作人员在作业中有权回绝违章指挥和强令冒险作业。在每班作业前，操作人员应当对吊篮进行查看，发现事故隐患或其他不安全因素时，应当立即处置，排除事故隐患或不安全因素后，方可运用吊篮。

7. 吊篮出现毛病或发生异常情况时，操作人员应当立即中止使用，消除毛病和事故隐患后，方可再投入使用。

8. 吊篮的安全锁，要依照国家标准或规则，送具有相应资质的检测组织或生产厂家校验，合格后方可运用。校验的有效期限不大于1年。校验标识应粘贴在安全锁的显著方位处，并应在安全办理资料中存档。

9. 吊篮上的操作人员应当装备独立于悬吊渠道的安全绳及安全带或其他安全设备。安全绳应当固定于有满足强度的建筑物上。禁止将安全绳、安全带直接固定在吊篮上。

10. 使用电动吊篮进行电焊作业时，禁止用吊篮作电焊接线回路。吊篮内禁止放置氧气瓶、乙炔瓶等易燃易爆品。

11. 禁止在悬吊架道内使用梯子、凳子、垫脚物等进行垫高作业。禁止将吊篮用作垂直运输设备。禁止作业人员从窗口上、下吊篮（首层在外）。更不应从一悬吊架道跨入另一悬吊架道。

12. 钢丝绳不得曲折，不得沾有油污、杂物，不得有焊渣和烧蚀现象，禁止将作业钢丝绳和安全钢丝绳作为电焊低压通电回路。

13. 吊篮运用过程中，提升机、安全锁内禁止进入砂浆、胶水、废纸、油漆等异物。每天运用完毕后，应将悬吊架子降至地上，放松作业钢丝绳，使摆臂式防歪斜安全锁的摆臂处于松懈状况。封闭电源开关，锁好电气箱。露天存放应做好防雨办法，防止雨水进入提升机、安全锁、电器箱。

14. 施工场所风力大于5级，应中止吊篮使用。

15. 修理和拆开电动吊篮时，应先切断电源，并在明显方位设置“修理禁用”和“撤除禁用”的警示牌，并设专人值守。

9. 通风机安全操作规程

通风机安全操作规程

1. 通风机及管道的安装，必须保证在高速运转的情况下稳定牢靠，保证安全运行。

2. 风管接头应严密，口径不同的风管不得混合连接，风管转角处应做成大圆角。风管出风口距工作面宜为 6 ~ 10m。风管安装不应妨碍人员行走及车辆通行；若架空安装，支点及吊挂应牢固可靠。隧道工作面附近的管道应采取保护措施，防止放炮砸坏。

3. 通风机及通风管应装有风压水柱表，并应随时检查通风情况。

4. 启动前应检查并确认主机和管件的连接符合要求，风扇转动平稳、电器部分包括电流过载继电保护装置均齐全后，方可启动。

5. 运行中，运转应平稳无异响，如发现异常情况时，应立即停机检修；当电动机温升超过铭牌规定时，应停机降温。

6. 运行中不得检修。对无逆止装置的通风机，应待风道回风消失后方可检修。

7. 严禁在通风机和通风管上放置或悬挂任何物件。

8. 作业后，切断电源，隧道工作面附近的管道应采取保护措施，防止放炮砸坏。

10. 磨钎机安全操作规程

磨钎机安全操作规程

1. 施工中磨钎机的地基应牢固，砂轮的规格性能应符合要求，并应安装防护罩。

2. 安装砂轮时不得用锤敲打，孔与轴配合应符合规定，轴端紧固螺母应牢固。

3. 砂轮失圆、过薄或因磨损离夹板边缘小于 30mm 时，不得使用。

4. 钎头托架应安装牢固，托架面应平整。托架与砂轮端面的距离不得大于 3mm。

5. 启动前，应检查并确认螺栓与砂轮夹板无松动、砂轮无裂纹、防护装置牢固及电气装置无漏电后，方可启动。启动后，待砂轮运转正常，方可磨钎。

6. 运转中，发现声音异常应立即停机检修。电动机温升应在规定范围内。

7. 磨钎机的电动机不得装用倒顺开关。停电时，应切断电源。

8. 磨钎时，必须戴防护眼镜，不得戴手套，操作者应站在砂轮的侧面，严禁站在旋转砂轮的正面。

9. 磨钎时，应用冷却液进行冷却，不得将钎头装在钎杆上进行磨钎。

11. 施工升降机（人货两用电梯）安全操作规程

施工升降机（人货两用电梯）安全操作规程

1. 施工升降机应为人货两用电梯，其安装和拆卸工作必须由取得建设行政主管部门颁发的拆装资质证书的专业队负责，并必须由经过专业培训、取得操作证的专业人员进行操作和维修。

2. 新安装或转移工地重新安装以及经过大修后的升降机，在投入使用前，必须经过坠落试验。升降机在使用中每隔 3 个月，应进行一次坠落试验。试验程序应按说明书规定进行，当试验中梯笼坠落超过 1.2m 制动距离时，应查明原因，并应调整防坠安全器，切实保证不超过 1.2m 制动距离。试验后以及正常操作中每发生一次防坠动作，均必须对防坠安全器进行复位。

3. 作业前重点检查项目应符合下列要求：

（1）各部结构无变形，连接螺栓无松动；

（2）齿条与齿轮、导向轮与导轨均接合正常；

（3）各部钢丝绳固定良好，无异常磨损；

（4）运行范围内无障碍。

4. 启动前，应检查并确认电缆、接地线完整无损，控制开关在零位。电源接通后，应检查并确认电压正常，应测试无漏电现象。试验并确认各限位装置、梯笼、围护门等处的电器联锁装置良好可靠，电器仪表灵敏有效。启动后，应进行空载升降试验，测定各传动机构制动器的效能，确认正常后，方可开始作业。

5. 升降机在每班首次载重运行时，当梯笼升离地面 1 ~ 2m 时，应停机试验制动器的可靠性；当发现制动效果不良时，应调整或修复后方可运行。

6. 梯笼内乘人或载物时，应使载荷均匀分布，不得偏重。严禁超载运行。

7. 操作人员应根据指挥信号操作。作业前应鸣声示意。在升降机未切断总电源开关前，操作人员不得离开操作岗位。

8. 当升降机运行中发现有异常情况时，应立即停机并采取有效措施排除故障后方可继续运行。在运行中发现电气失控时，应立即按下急停按钮；在未排除故障前，不得打开急停按钮。

9. 升降机在大雨、大雾、六级及以上大风以及导轨架、电缆等结冰时，必须停止运行，并将梯笼降到底层，切断电源。暴风雨后，应对升降机各有关安全装置进行一次检查，确认正常后，方可运行。

10. 升降机运行到最上层或最下层时，严禁用行程限位开关作为停止运行的控制开关。

11. 当升降机在运行中由于断电或其他原因而中途停止时，可进行手动下降，将电动机尾端制动电磁铁手动释放拉手缓缓向外拉出，使梯笼缓慢地向下滑行。梯笼下滑时，不得超过额定运行速度，手动下降必须由专业维修人员进行操纵。

12. 作业后，应将梯笼降到底层，各控制开关拨到零位，切断电源，锁好开关箱，锁闭梯笼门和围护门。

12. 混凝土搅拌机安全操作规程

混凝土搅拌机安全操作规程

1. 搅拌机必须安置在坚实的地方，用支架或支腿架稳，不准以轮胎代替支撑。

2. 搅拌机开动前应检查离合器、制动器、钢丝绳等应良好，滚筒内不得有异物。

3. 移动式搅拌机的停放位置应选择平整坚实的场地，周围应有良好的排水沟。就位后，应放下支腿将机架顶起达到水平位置，使轮胎离地。当使用期较长时，应将轮胎卸下妥善保管，轮轴端部用油布包扎好，并用枕木将机架垫起支牢。

4. 对需设置上料斗地坑的搅拌机，其坑口周围应垫高夯实，应防止地面水流入坑内。上料轨道架的底端支承面应夯实或铺砖，轨道架的后面应采用木料加以支撑，应防止作业时轨道变形。

5. 料斗放到最低位置时，在料斗与地面之间，应加一层缓冲垫木。

6. 作业前重点检查项目应符合下列要求：

（1）电源电压升降幅度不超过额定值的 5%；

（2）电动机和电气元件的接线牢固，保护接零或接地电阻符合规定；

（3）各传动机构、工作装置、制动器等均紧固可靠，开式齿轮、皮带轮等有防护罩；

（4）齿轮箱的油质、油量符合规定。

7. 作业前，应先启动搅拌机空载运转。应确认搅拌筒或叶片旋转方向与筒体上箭头所示方向一致。对反转出料的搅拌机，应使搅拌筒正、反转运转数分钟，并应无冲击抖动现象和异常噪声。

8. 作业前，应进行料斗提升试验，应观察并确认离合器、制动器灵活可靠。

9. 应检查并校正供水系统的指示水量与实际水量的一致性，当偏差超过 2% 时，应检查管路的漏水点，或校正节流阀。

10. 工作完毕后应清洗机身内混凝土，做好润滑保养，切断电源锁好箱门。

13. 混凝土搅拌站安全操作规程

混凝土搅拌站安全操作规程

1. 混凝土搅拌站的安装，应由专业人员按出厂说明书规定进行，并应在技术人员主持下，组织调试，在各项技术性能指标全部符合规定并经验收合格后，方可投产使用。

2. 与搅拌站配套的空气压缩机、皮带输送机及混凝土搅拌机等设备，应执行《建筑机械使用安全技术规程》JGJ 33-2012 第 3 章、第 6 章、第 8 章的规定。

3. 作业前检查项目应符合下列要求：

（1）搅拌筒内和各配套机构的传动、运动部位及仓门、斗门轨道等均无异物卡住；

（2）各润滑油箱的油面高度符合规定；

（3）打开阀门排放气路系统中气水分离器的过多积水，打开贮气筒排污螺塞放出油水混合物；

（4）提升斗或拉铲的钢丝绳安装、卷筒缠绕均正确，钢丝绳及滑轮符合规定，提升料斗及拉铲的制动器灵敏有效；

（5）各部螺栓已紧固，各进、排料阀门无超限磨损，各输送带的张紧度适当，不跑偏；

（6）称量装置的所有控制和显示部分工作正常，其精度符合规定；

（7）各电气装置能有效控制机械动作，各接触点和动、静触头无明显损伤。

4. 应按搅拌站的技术性能准备合格的砂、石集料，粒径超出许可范围的不得使用。

5. 机组各部分应逐步启动。启动后，各部件运转情况和各仪表指示情况应正常，油、气、水的压力应符合要求，方可开始作业。

6. 作业过程中，在贮料区内和提升斗下，严禁人员进入。

7. 搅拌筒启动前应盖好仓盖。机械运转中，严禁将手、脚伸入料斗或搅拌筒探摸。

8. 当拉铲被障碍物卡死时，不得强行起拉，不得用拉铲起吊重物，在拉料过程中，不得进行回转操作。

9. 搅拌机满载搅拌时不得停机，当发生故障或停电时，应立即切断电源，锁好开关箱，将搅拌筒内的混凝土清除干净，然后排除故障或等待电源恢复。

10. 搅拌站各机械不得超载作业；应检查电动机的运转情况，当发现运转声音异常或温升过高时，应立即停机检查；电压过低时不得强制运行。

11. 搅拌机停机前，应先卸载，然后按顺序关闭各部开关和管路。应将螺旋管内的水泥全部输送出来，管内不得残留任何物料。

12. 施工作业后，应清理搅拌筒、出料门及出料斗，并用水冲洗，同时冲洗附加剂及其供给系统。称量系统的刀座、刀口应清洗干净，并应确保称量精度。

13. 冰冻季节，应放尽水泵、附加剂泵、水箱及附加剂箱内的存水，并应启动水泵和附加剂泵运转 1 ~ 2min。

14. 当搅拌站转移或停用时，应将水箱、附加剂箱、水泥、砂、石贮存料斗及称量斗内的物料排净，并清洗干净。转移中，应将杠杆秤表头平衡砣秤杆固定，传感器应卸载。

14. 混凝土泵送安全操作规程

混凝土泵送安全操作规程

1. 泵送设备放置应离基坑边缘保持一定距离，并应放置在坚固平整的地面上，倾斜度不应超过 3°，在布料杆动作范围内无障碍物，无高压线。

2. 泵送设备的停车制动和锁紧制动应同时使用，轮胎应楔紧，水源供应正常和水箱应储满清水，料斗内应无杂物，各润滑点应润滑正常。

3. 泵送设备的螺栓应紧固，管道接头应紧固密封，防护装置应齐全可靠。

4. 设备各部位操纵开关、调整手柄、手轮、控制杆、旋塞等应在正确位置，液压系统应正常无渗漏。

5. 作业前须先用按规定配制的水泥砂浆润滑管道，水泥砂浆注入料斗后，应使搅拌轴反转几周，让料斗内壁得到润滑，然后再正转，使砂浆经料斗喉部喂入分配阀箱体内，开泵时不要将料斗内的砂浆全部泵出，应保留在料斗搅拌轴轴线以上，待混凝土加入料斗后再一起泵送。

6. 泵送作业中，料斗中的混凝土平面应保持在搅拌轴轴线以上，供料跟不上时，要停止泵送。

7. 搅拌轴卡住不转时，要暂停泵送，及时排除故障。

8. 发现进入料斗的混凝土有分离现象时，要暂停泵送，搅拌均匀后再泵送，供料中断一般不应超过一小时，停泵后应每隔 10min 作 2 ～ 3 个冲程反泵一正泵运动，再次投入泵送前应先搅拌。

9. 垂直向上泵送中断后再次泵送时，要先进行反泵，使分配阀内的混凝土吸回料斗，经搅拌后再进行正泵泵送。

10. 作业后如管路装有止流管，应插好止流插杆，防止垂直或向上倾斜管路中的混凝土倒流。

11. 泵送完毕，要做好清洗工作。

12. 泵机几天内不用，应拆开工作缸橡胶活塞，把水放净，如果水质较浑浊，需用清洗水冲洗。

15. 混凝土喷射机安全操作规程

混凝土喷射机安全操作规程

1. 开机前应检查电路、气路、水源、信号系统、接地装置等是否正确。

2. 喷射机应采用干喷作业，应按出厂说明书规定的配合比配料，风源应是符合要求的稳压源，电源、水源、加料设备等均应配套。

3. 管道安装应正确，连接处应紧固密封。当管道通过道路时，应设置在地槽内并加盖保护。

4. 喷射机内部应保持干燥和清洁，加入的干料配合比及喷水程序，应符合喷射机性能要求，不得使用结块的水泥和未经筛选的砂石。

5. 作业前重点检查项目应符合下列要求：

（1）安全阀灵敏可靠；

（2）电源线无破裂现象，接线牢靠；

（3）各部密封件密封良好，对橡胶结合板和旋转板出现的明显沟槽及时修复；

（4）压力表指针在上、下限之间，根据输送距离，调整上限压力的极限值；

（5）喷枪水环（包括双水环）的孔眼畅通。

6. 作业前进行检查，输送管道不得渗漏和折弯，管道连接处应紧固密封，敷设的管道应有保护措施。

7. 机械操作和喷射操作人员应有联系信号，送风、加料、停料、停风以及发生堵塞时，应及时联系，密切配合。

8. 在喷嘴前方严禁站人，操作人员应站在已喷射过的混凝土支护面以内。

9. 作业时，应先送压缩空气，确认电动机旋转方向正确后，方可向喷射机内加料。

10. 发生堵管时，应先停止喂料，对堵塞部位进行敲击，迫使物料松散，然后用压缩空气吹通。此时，操作人员应紧握喷嘴，严禁甩动管道伤人。当管道中有压力时，不得拆卸管接头。

11. 停机时，应先停止加料，然后再关闭电动机和停送压缩空气。

12. 作业结束必须将仓内和输料软管内的干料全部排出，并清除喷射机外部的混凝土。

16. 插入式振捣器安全操作规程

插入式振捣器安全操作规程

1. 插入式振捣器的电动机电源上，应安装漏电保护装置，接地或接零应安全可靠。

2. 操作人员应经过用电教育，作业时应穿绝缘胶鞋和戴绝缘手套。

3. 电缆线应满足操作所需的长度。电缆线上不得堆压物品或让车辆挤压，严禁用电缆线拖拉或吊挂振捣器。

4. 使用前，应检查各部并确认连接牢固，旋转方向正确。

5. 振捣器不得在初凝的混凝土、地板、脚手架和干硬的地面上进行试振。在检修或作业间断时，应断开电源。

6. 作业时，振捣棒软管的弯曲半径不得小于500mm，并不得多于两个弯，操作时应将振捣棒垂直地沉入混凝土，不得用力硬插、斜推或让钢筋夹住棒头，也不得全部插入混凝土中，插入深度不应超过棒长的3/4，不宜触及钢筋、芯管及预埋件。

7. 振捣棒软管不得出现裂纹，当软管使用过久使长度增长时，应及时修复或更换。

8. 作业停止需移动振捣器时，应先关闭电动机，再切断电源。不得用软管拖拉电动机。

9. 插入式振捣器作业完毕，应将电动机、软管、振捣棒清理干净，并应按规定要求进行保养作业。振捣器存放时，不得堆压软管，应平直放好，并应对电动机采取防潮措施。

17. 混凝土真空吸水泵安全操作规程

混凝土真空吸水泵安全操作规程

1. 真空泵内过滤网应完整，集水室通向真空泵的回水管上的旋塞开启应灵活，指示仪表应正确，进出水管应按出厂说明书要求连接。

2. 启动后，应检查并确认电动机旋转方向与罩壳上箭头指向一致，然后应堵住进水口，检查泵机空载真空度，表值不应小于 96kPa。当不符合上述要求时，应检查泵组、管道及工作装置的密封情况。有损坏时，应及时修理或更换。

3. 真空泵不允许在出水量很少的情况下长时间运转，也不允许在达到极限真空度（“气蚀工况”）下长时间运转，以免影响使用寿命。

4. 真空吸水作业时，严禁操作人员在吸垫上行走或将物件置压在吸垫上。

5. 做好维护保养工作，工作结束后应清洗水箱，去除泥砂，放尽余水，并及时冲洗底垫和盖垫。

18. 附着式、平板式振动器安全操作规程

附着式、平板式振动器安全操作规程

1. 附着式、平板式振动器轴承不应承受轴向力，在使用时，电动机轴应保持水平状态。

2. 在一个模板上同时使用多台附着式振动器时，各振动器的频率应保持一致，相对面的振动器应错开安装。

3. 作业前，应对附着式振动器进行检查和试振。试振不得在干硬土或硬质物体上进行。安装在搅拌站料仓上的振动器，应安置橡胶垫。

4. 安装时，振动器底板安装螺孔的位置应正确，应防止地脚螺栓安装扭斜而使机壳受损。地脚螺栓应紧固，各螺栓的紧固程度应一致。

5. 使用时，引出电缆线不得拉得过紧，更不得断裂。作业时，应随时观察电气设备的漏电保护器和接地或接零装置并确认合格。

6. 附着式振动器安装在混凝土模板上时，每次振动时间不应超过 1min，当混凝土在模内泛浆流动或成水平状时即可停振，不得在混凝土初凝状态时再振。

7. 装置振动器的构件模板应坚固牢靠，其面积应与振动器额定振动面积相适应。

8. 平板式振动器作业时，应使平板与混凝土保持接触，使振波有效地振实混凝土，待表面出浆，不再下沉后，即可缓慢向前移动，移动速度应能保证混凝土振实出浆。再振的振动器，不得搁置在已凝或初凝的混凝土上。

9. 作业后必须做好清洗、保养工作，振动器要放在干燥处。

19. 钢筋加工机械安全技术规程

钢筋加工机械安全技术规程

1. 机械的安装必须平稳可靠，表面清洁，润滑良好；钢筋加工场地的电气线路必须埋设，埋设电缆出口的管套应完整，不得有破损，以免漏电而引发安全事故；每一台机械必须安装漏电保护器。

2. 操作人员必须熟悉钢筋机械的基本原理，能合理地操作和保养机械。非操作人员禁止操作机械。

3. 室外作业应设置机棚，机旁应有堆放原料、半成品的场地。

4. 加工较长的钢筋时，应有专人帮扶，并听从操作人员指挥，不得任意推拉。

5. 作业后，应堆放好成品，清理场地，切断电源，锁好开关箱，做好润滑工作。

20. 钢筋调直切断机安全操作规程

钢筋调直切断机安全操作规程

1. 钢筋调直切断机开机前，应先检查机械设备是否装设了合理、可靠而又不影响操作的安全装置。

2. 检查零部件是否有磨损严重、报废和安全松动的迹象。

3. 检查电线、控制柜是否破损，所处环境是否可靠，设备的接地或接零等设施是否安全。

4. 检查各传动部位有无安全防护罩。

5. 作业人员在操作时应按规定穿戴劳动防护用品。

6. 作业人员不得随意拆除机械设备的安全装置。

7. 维护保养及清理设备、仪表时应确认设备、仪表已处于停机状态且电源已完全关闭。

8. 设备运转时，严禁用手调整、测量工件或进行润滑、清除杂物、擦拭设备。

9. 钢筋调直切断机的维护、维修等操作工作结束后，应将器具从工作位置退出，并清理好工作场地和机械设备卫生。

21. 钢筋切断机安全操作规程

钢筋切断机安全操作规程

1. 切断机四周应有足够的钢筋堆放场地。

2. 转动的部件应有防护罩。

3. 须检查刀片有无裂纹，刀片固定螺钉是否紧固。

4. 不准用两手分别握住钢筋的两端剪切，只准用手握住靠身边一端的钢筋上。

5. 工作时用双手握住钢筋一端，对准刀口，待上刀片下来觉得压手时，立即用力压住钢筋，防止尾端翘起伤人。

6. 禁止切断直径超过机械规定的钢筋和烧红的钢筋，多根钢筋同时切断时，必须换算钢筋的截面，及时调整刀片，以防止意外。

7. 切断低合金钢筋时，应换高硬度刀片。

8. 切断短料时，手握一端的长度不得小于 40cm，靠近刀片的手与刀片的距离，应保持在 15cm 以上。

9. 切断较长钢筋时，应有专人帮扶钢筋，帮扶人与操作人动作一致，并听其指挥，不得任意拖拉。

10. 机械运转中严禁用手清理刀口附近的杂物，现场禁止闲杂人员逗留。

11. 当发现机械运转不正常、有异常响声或切刀歪斜时，应立即停机检修。

12. 液压传动式切断机作业前，应检查并确认液压油位及电动机旋转方向符合要求。启动后，应空载运转，松开放油阀，排净液压缸体内的空气，方可进行切筋。

13. 手动液压式切断机使用前，应将放油阀按顺时针方向旋紧，切割完毕后，应立即按逆时针方向旋松。作业中，手应持稳切断机，并戴好绝缘手套。

14. 作业后，应切断电源，用钢刷清除切刀间的杂物，进行整机清洁润滑。

15. 作业后，应堆放好成品，清理场地，切断电源，锁好开关箱。

22. 钢筋弯曲机安全操作规程

钢筋弯曲机安全操作规程

1. 检查机械性能是否良好，工作台和弯曲机台面保持水平，并准备好各种芯轴工具挡。

2. 按加工钢筋的直径和弯曲机的要求装好芯轴、成型轴、挡铁轴或可变挡架，芯轴直径应为钢筋直径的 2.5 倍。

3. 检查芯轴、挡块、转盘应无损坏和裂纹，防护罩紧固可靠，经空载运转确认正常方可作业。

4. 作业时，将钢筋需弯的一头插在转盘固定备用的间隙内，另一端紧靠机身固定并用手压紧，检查机身固定，确认安在挡住钢筋的一侧方可开动。

5. 作业中严禁更换芯轴和变换角度以及调速等作业，亦不得加油或清除。

6. 弯曲钢筋时，严禁加工超过机械规定的钢筋直径、根数及机械转速。

7. 弯曲高硬度或低合金钢筋时，应按机械铭牌规定更换最大限制直径，并调换相应的芯轴。

8. 严禁在弯曲钢筋的作业半径内和机身不设固定的一侧站人。弯曲好的半成品应堆放整齐，弯钩不得朝上。

9. 转盘换向时，必须在停机稳定后进行。

10. 作业完毕、清理现场、保养机械、断电锁箱。

23. 钢筋冷拔机安全操作规程

钢筋冷拔机安全操作规程

1. 机械的安装应坚实稳固，保持水平位置。固定式机械应有可靠的基础；移动式机械作业时应楔紧行走轮。

2. 室外作业应设置机棚，机旁应有堆放原料、半成品的场地。

3. 加工较长的钢筋时，应有专人帮扶，并听从操作人员指挥，不得任意推拉。

4. 应检查并确认机械各连接件牢固，模具无裂纹，轧头和模具的规格配套，然后启动主机空载运转，确认正常后，方可作业。

5. 在冷拔钢筋时，每道工序的冷拔直径应按机械出厂说明书规定进行，不得超量缩减模具孔径，无资料时，可按每次缩减孔径 0.5 ~ 1.0mm。

6. 轧头时，应先使钢筋的一端穿过模具长度达 100 ~ 150mm，再用夹具夹牢。

7. 作业时，操作人员的手和轧辊应保持 300 ~ 500mm 的距离。不得用手直接接触钢筋和滚筒。

8. 冷拔模架中应随时加足润滑剂，润滑剂应采用石灰和肥皂水调和晒干后的粉末。钢筋通过冷拔模前，应抹少量润滑脂。

9. 当钢筋的末端通过冷拔模后，应立即脱开离合器，同时用手闸挡住钢筋末端。

10. 拔丝过程中，当出现断丝或钢筋打结乱盘时，应立即停机；在处理完毕后，方可开机。

24. 钢筋冷镦机安全操作规程

钢筋冷镦机安全操作规程

1. 应根据钢筋直径，配换相应夹具。

2. 室外作业应设置机棚，机旁应有堆放原料、半成品的场地。

3. 加工较长的钢筋时，应有专人帮扶，并听从操作人员指挥，不得任意推拉。

4. 机械的安装应坚实稳固，保持水平位置。固定式机械应有可靠的基础；移动式机械作业时应楔紧行走轮。

5. 应检查并确认模具、中心冲头无裂纹，并应校正上下模具与中心冲头的同心度，紧固各部螺栓，做好安全防护。

6. 启动后应先空载运转，调整上下模具紧度，对准冲头模进行镦头校对，确认正常后，方可作业。

7. 机械未达到正常转速时，不得镦头。当镦出的头大小不匀时，应及时调整冲头与夹具的间隙。冲头导向块应保持有足够的润滑。

8. 作业后，应堆放好成品，清理场地，切断电源，锁好开关箱，做好润滑工作。

25. 钢筋冷拉机安全操作规程

钢筋冷拉机安全操作规程

1. 应根据冷拉钢筋的直径，合理选用卷扬机。卷扬钢丝绳应经封闭式导向滑轮并和被拉钢筋水平方向成直角。卷扬机的位置应使操作人员能见到全部冷拉场地，卷扬机与冷拉中线不得少于5m。

2. 机械的安装应坚实稳固，保持水平位置。固定式机械应有可靠的基础；移动式机械作业时应楔紧行走轮。

3. 用配重控制的设备必须与滑轮匹配，并有指示起落的记号，没有指示记号时应有专人指挥。配重框提起时高度应限制在离地面300mm以内，配重架四周应有栏杆及警告标志。

4. 作业前，应检查冷拉夹具，夹齿必须完好，滑轮、拖拉小车润滑灵活，拉钩、地锚及防护装置均应齐全牢固，确认良好后，方可作业。

5. 卷扬机操作人员必须看到指挥人员发出信号，并待所有人员离开危险区后方可作业。冷拉应缓慢、均匀地进行，随时注意停车信号或见到有人进入危险区时，应立即停拉，并稍稍放松卷扬钢丝绳。

6. 用延伸率控制的装置，必须装设明显的限位标志，并要有专人负责指挥。

7. 夜间工作照明设施，应设在张拉危险区外，如必须装设在场地上空时，其高度应超过5m，灯泡应加防护罩，导线不得用裸线。

8. 作业后，应放松卷扬钢丝绳，落下配重，切断电源，锁好电闸箱。

9. 作业后，应堆放好成品，清理场地，切断电源，锁好开关箱，做好润滑工作。

26. 预应力钢丝拉伸设备安全操作规程

预应力钢丝拉伸设备安全操作规程

1. 机械的安装应坚实稳固，保持水平位置。固定式机械应有可靠的基础；移动式机械作业时应楔紧行走轮。

2. 作业场地两端外侧应设有防护栏杆和警告标志。

3. 作业前，应检查被拉钢丝两端的镦头，当有裂纹或损伤时，应及时更换。

4. 固定钢丝镦头的端钢板上圆孔直径应较所拉钢丝的直径大 0.2mm。

5. 高压油泵启动前，应将各油路调节阀松开，然后开动油泵，待空载运转正常后，再紧闭回油阀，逐渐拧开进油阀，待压力表指示值达到要求，油路无泄漏，确认正常后，方可作业。

6. 作业中，操作应平稳、均匀。张拉时，两端不得站人。拉伸机在有压力情况下，严禁拆卸液压系统的任何零件。

7. 高压油泵不得超载作业，安全阀应按设备额定油压调整，严禁任意调整。

8. 在测量钢丝的伸长时，应先停止拉伸，操作人员必须站在侧面操作。

9. 用电热张拉法带电操作时，应穿绝缘胶鞋和戴绝缘手套。

10. 张拉时，不得用手摸或脚踩钢丝。

11. 高压油泵停止作业时，应先断开电源，再将回油阀缓慢松开，待压力表退回至零位时，方可卸开通往千斤顶的油管接头，使千斤顶全部卸荷。

27. 钢筋冷挤压连接机安全操作规程

钢筋冷挤压连接机安全操作规程

1. 机械的安装应坚实稳固，保持水平位置。固定式机械应有可靠的基础；移动式机械作业时应楔紧行走轮。

2. 室外作业应设置机棚，机旁应有堆放原料、半成品的场地。

3. 加工较长的钢筋时，应有专人帮扶，并听从操作人员指挥，不得任意推拉。

4. 有下列情况之一时，应对挤压机的挤压力进行标定：

（1）新挤压设备使用前；

（2）旧挤压设备大修后；

（3）油压表受损或强烈振动后；

（4）套筒压痕异常且查不出其他原因时；

（5）挤压设备使用超过一年；

（6）挤压的接头数超过 5000 个。

5. 设备使用前后的拆装过程中，超高压油管两端的接头及压接钳、换向阀的进出油接头应保持清洁，并应及时用专用防尘帽封好。超高压油管的弯曲半径不得小于250mm，扣压接头处不得扭转，且不得有死弯。

6. 挤压机液压系统的使用，应符合《建筑机械使用安全技术规程》JGJ 33-2012附录C的有关规定；高压胶管不得拖拉、弯折和受到尖利物刻划。

7. 压模、套筒与钢筋应相互配套使用，压模上应有相对应的连接钢筋规格标记。

8. 挤压前的准备工作应符合下列要求：

（1）钢筋端头的铁锈、泥砂、油污等杂物应清理干净；

（2）钢筋与套筒应先进行试套，当钢筋有马蹄、弯折或纵肋尺寸过大时，应预先进行矫正或用砂轮打磨；不同直径钢筋的套筒不得串用；

（3）钢筋端部应画出定位标记与检查标记，定位标记与钢筋端头的距离应为套筒长度的一半，检查标记与定位标记的距离宜为20mm；

（4）检查挤压设备情况，应进行试压，符合要求后方可作业。

9. 挤压操作应符合下列要求：

（1）钢筋挤压连接宜先在地面上挤压一端套筒，在施工作业区插入待接钢筋后再挤压另一端套筒；

（2）压接钳就位时，应对准套筒压痕位置的标记，并应与钢筋轴线保持垂直；

（3）挤压顺序宜从套筒中部开始，并逐渐向端部挤压；

（4）挤压作业人员不得随意改变挤压力、压接道数或挤压顺序。

10. 作业后，应收拾好成品、套筒和压模，清理场地，切断电源，锁好开关箱，最后将挤压机和挤压钳放到指定地点。

28. 灰浆搅拌机安全操作规程

灰浆搅拌机安全操作规程

1. 灰浆搅拌机操作人员（司机）应经过安全技术培训，考试合格，持证上岗。

2. 固定式搅拌机应有牢靠的基础，移动式搅拌机应采用方木或支撑架固定，并保持水平。

3. 作业前应检查并确认传动机构、工作装置、防护装置等牢固可靠，三角胶带松紧度适当，搅拌叶片和筒壁间隙在 3 ~ 5mm 之间，搅拌轴两端密封良好。

4. 启动后，应先空运转，检查搅拌叶旋转方向正确，方可加料加水，进行搅拌作业。加入的砂子应过筛。

5. 运转中，严禁用手或木棒等伸进搅拌筒内，或在筒口清理灰浆。

6. 作业中，当发生故障不能继续搅拌时，应立即切断电源，将筒内灰浆倒出，排除故障后方可使用。

7. 固定式搅拌机的上料斗应能在轨道上移动。料斗提升时，严禁斗下有人。

8. 作业后，应将料斗降落至料斗坑，当需升起时，必须用保险链或插销扣牢。

9. 灰浆机外露的传动部分应有防护罩，作业时，不得随意拆卸。

10. 灰浆搅拌机的安装应平稳牢固，行走轮应架空，机座应垫高出地面。并搭设防砸、防雨棚。

11. 长期搁置再用的机械，使用前除必要的机械部分维修保养外，必须测量电动机的绝缘电阻，合格后方可使用。

29. 柱塞式、隔膜式灰浆机安全操作规程

柱塞式、隔膜式灰浆机安全操作规程

1. 灰浆机的工作机构应保证强度和精度及完好状态，安装稳妥，坚固可靠。

2. 灰浆机外露传动部分应有防护罩，作业时，不得随意拆卸。

3. 灰浆泵应安装平稳。输送管路的布置宜短直、少弯头；全部输送管道接头应紧密连接，不得渗漏；垂直管道应固定牢固；管道上不得加压或悬挂重物。

4. 作业前应检查并确认球阀完好，泵内无干硬灰浆等物，各连接件紧固牢靠，安全阀已调整到预定的安全压力。

5. 泵送前，应先用水进行泵送试验，检查并确认各部位无渗漏。当有渗漏时，应先排除。

6. 被输送的灰浆应搅拌均匀，不得有干砂和硬块，不得混入石子或其他杂物，灰浆稠度应为 80 ~ 120mm。

7. 泵送时，应先开机后加料；应先用泵压送适量石灰膏润滑输送管道，然后再加入稀灰浆，最后调整到所需稠度。

8. 泵送过程应随时观察压力表的泵送压力，当泵送压力超过预调的1.5MPa时，应反向泵送，使管道内部分灰浆返回料斗，再缓慢泵送；当无效时，应停机卸压检查，不得强行泵送。泵送过程不宜停机。当短时间内不需泵送时，可打开回浆阀使灰浆在泵体内循环运行。当停泵时间较长时，应每隔3～5min泵送一次，泵送时间宜为0.5min，应防灰浆凝固。

9. 如机器发生故障，应立即停机，排除故障后方可正常作业。

10. 作业后，应采用石灰膏或浓石灰水把输送管道里的灰浆全部泵出，再用清水将泵和输送管道清洗干净。

11. 灰浆机应安装在防雨、防风沙的机棚内。

12. 长期搁置待用的机械，在使用前除对必要的机械部分维修保养外，必须测量电动机绝缘电阻，合格后方可使用。

30. 挤压式灰浆泵安全操作规程

挤压式灰浆泵安全操作规程

1. 使用前，应先接好输送管道，往料斗加注清水，启动灰浆泵，当输送胶管出水时，应折起胶管，待升到额定压力时停泵，观察各部位应无渗漏现象。

2. 作业前，应先用水、再用石灰膏润滑输送管道后，方可加入灰浆，开始泵送。

3. 料斗加满灰浆后，应停止振动，待灰浆从料斗泵送完时，再加新灰浆振动筛料。

4. 泵送过程应注意观察压力表。当压力迅速上升，有堵管现象时，应反转泵送2～3转，使灰浆返回料斗，经搅拌后再泵送。当多次正反泵仍不能畅通时，应停机检查，排除堵塞。

5. 工作间歇时，应先停止送灰，后停止送气，并应防气嘴被灰堵塞。

6. 灰浆机外露的传动部分应有防护罩。作业时，不得随意拆卸。

7. 作业后，应将泵机和管路系统全部清洗干净。

8. 灰浆泵应安装在防雨、防风沙的机棚内。

9. 长期搁置待用的机械，在使用前除对必要的机械部分维修保养外，必须测量电动机绝缘电阻，合格后方可使用。

31. 喷浆机安全操作规程

喷浆机安全操作规程

1. 喷涂前，应对石灰浆采用 60 目筛网过滤两遍。

2. 石灰浆的密度应为 1.06 ～ 1.10g / cm^3。

3. 喷嘴孔径宜为 2.0 ～ 2.8mm；当孔径大于 2.8mm 时，应及时更换。

4. 泵体内不得无液体干转。在检查电动机旋转方向时，应先打开料桶开关，让石灰浆流入泵体内部后，再开动电动机带泵旋转。

5. 作业后，应往料斗注入清水，开泵清洗直到水清为止，再倒出泵内积水，清洗疏通喷头座及滤网，并将喷枪擦洗干净。

6. 长期存放前，应清除前、后轴承座内的石灰浆积料，堵塞进浆口，从出浆口注入机油约 50mL；再堵塞出浆口，开机运转约 30s，使泵体内润滑防锈。

7. 喷浆机械上外露的传动部分应有防护罩，作业时，不得随意拆卸。

8. 喷浆机应安装在防雨、防风沙的机棚内。

9. 长期搁置再用的机械，在使用前除对必要的机械部分维修保养外，必须测量电动机绝缘电阻，合格后方可使用。

32. 高压无气喷涂机安全操作规程

高压无气喷涂机安全操作规程

1. 喷涂时必须戴好防护用具。

2. 喷涂燃点在 21℃以下的易燃涂料时，必须接好地线，地线的一端接电动机零线位置，另一端应接涂料桶或被喷的金属物体。喷涂机不得和被喷物放在同一房间里，周围严禁有明火。

3. 作业前，应先空载运转，然后用水或溶剂进行运转检查。确认运转正常后，方可作业。

4. 喷涂中，当喷枪堵塞时，应先将喷枪关闭，使喷嘴手柄旋转 180°，再打开喷枪用压力涂料排除堵塞物，当堵塞严重时，应停机卸压后，拆下喷嘴，排除堵塞。

5. 不得用手指试高压射流，射流严禁正对其他人员。喷涂间隙时，应随手关闭喷枪安全装置。

6. 高压软管的弯曲半径不得小于250mm，亦不得在尖锐的物体上用脚踩高压软管。

7. 作业中，当停歇时间较长时，应停机卸压，将喷枪的喷嘴部位放入溶剂内。

8. 作业后，应彻底清洗喷枪。清洗时不得将溶剂喷回小口径的溶剂桶内。应防止产生静电火花引起着火。

9. 高压无气喷涂机外露的传动部分应有防护罩，作业时，不得随意拆卸。

10. 安全阀的作用之一是当压力超限时泄压。因此，对安全阀拆洗和维护时应十分小心，装配时不可多装或少装垫片等任何零件。

11. 长期搁置再用的机械，在使用前除对必要的机械部分维修保养外，必须测量电动机绝缘电阻，合格后方可使用。

33. 水磨石机安全操作规程

水磨石机安全操作规程

1. 操作人员必须穿胶靴，戴好绝缘手套。

2. 作业前，应检查并确认各连接件紧固，当用木槌轻击磨石发出无裂纹的清脆声音时，方可作业。

3. 水磨石机必须采用五芯橡胶绝缘电缆，并安装“漏电保护器”，其把柄须由绝缘材料制成，开关不准设在移动的电线上，采用密闭开关，机械传动部分应装防护罩。

4. 在接通电源、水源后，应手压扶把使磨盘离开地面，再启动电动机。并应检查确认磨盘旋转方向与箭头所示方向一致，待运转正常后，再缓慢放下磨盘，进行作业。

5. 作业中，当发现磨盘跳动或异响，应立即停机检修。停机时，应先提升磨盘后关机。

6. 作业中，使用的冷却水不得间断，用水量宜调至工作面不发干。

7. 更换新磨石后，应先在废水磨石地坪上或废水泥制品表面磨 1 ~ 2h，待金刚石切削刃磨出后，再投入工作面作业。

8. 作业后，应切断电源，清洗各部位的泥浆，放置在干燥处，用防雨布遮盖。

9. 长期搁置再用的机械，在使用前除对必要的机械维修和保养外，必须测量电动机的绝缘电阻，合格后方可使用。

34. 角向磨光机安全操作规程

角向磨光机安全操作规程

1. 作业前的检查应符合下列要求：

（1）外壳、手柄不出现裂缝、破损；

（2）电缆软线及插头等完好无损，开关动作正常，保护接零连接正确、牢固、可靠；

（3）各部防护罩齐全牢固，电气保护装置可靠。

2. 机具启动后，应空载运转，应检查并确认机具联动灵活无阻。作业时，加力应平稳，不得用力过猛。

3. 砂轮应选用增强纤维树脂型，其安全线速度不得小于 80m / s。配用的电缆与插头应具有加强绝缘性能，并不得任意更换。

4. 使用砂轮的机具，应检查砂轮与接盘间的软垫并安装稳固，螺帽不得过紧，凡受潮、变形、裂纹、破碎、磕边缺口或接触过油、碱类的砂轮均不得使用，并不得将受潮的砂轮片自行烘干使用。

5. 磨削作业时，应使砂轮与工作面保持 15° ~ 30° 的倾斜位置；切削作业时，砂轮不得倾斜，并不得横向摆动。

6. 严禁超载使用。作业中应注意声响及温升，发现异常应立即停机检查。在作业时间过长、机具温升超过 60℃时，应停机，自然冷却后再行作业。

7. 作业中，不得用手触摸刃具、模具和砂轮，发现其有磨钝、破损情况时，应立即停机修整或更换，然后再继续进行作业。

8. 角磨机要有专人负责，经常检查，以保证正常运转。

9. 机具转动时，不得撒手不管。

35. 瓷片切割机安全操作规程

瓷片切割机安全操作规程

1. 作业前的检查应符合下列要求：

（1）外壳、手柄不出现裂缝、破损；

（2）电缆软线及插头等完好无损，开关动作正常，保护接零连接正确、牢固、可靠；

（3）各部防护罩齐全牢固，电气保护装置可靠。

2. 机具启动后，应空载运转，应检查并确认机具联动灵活无阻。作业时，加力应平稳，不得用力过猛。

（1）作业时应防止杂物、泥土混入电动机内，并应随时观察机壳温度，当机壳温度过高及产生炭刷火花时，应立即停机检查处理；

（2）切割过程中用力应均匀适当，推进刀片时不得用力过猛。当发生刀片卡死时，应立即停机，慢慢退出刀片，应在重新对正后方可再切割。

3. 严禁超载使用。作业中应注意声响及温升，发现异常应立即停机检查。在作业时间过长、机具温升超过 60℃时，应停机，自然冷却后再行作业。

4. 作业中，不得用手触摸刃具、模具和砂轮，发现其有磨钝、破损情况时，应立即停机修整或更换，然后再继续进行作业。

5. 机具转动时，不得撒手不管。

36. 磨光机作业安全操作规程

磨光机作业安全操作规程

1. 使用磨光机之前必须认真阅读该型号的《使用说明书》，熟悉所有磨光机的一般结构、性能，严禁超性能使用。

2. 使用前首先检查电缆是否漏电，开关是否正常，手柄、磨光片、垫圈、螺帽是否松动，防护罩是否可靠。操作时戴好眼镜、手套防护用品。

3. 鼓式磨光机进料时，工件中心轴线应与进料方向成 10°～15°。

4. 鼓式磨光机的三个砂筒应调整至高出工作台面，各为：一筒高出

0.2 ~ 0.5mm，二筒高出 0.5 ~ 0.8mm，三筒高出 0.8 ~ 1.0mm。下进料辊应高出台面 0.3 ~ 0.5mm，并与上进料辊轴平行。

5. 磨削小面积工件时应尽量在台面整个宽度内排满工作，磨削时应逐次连续进行。

6. 用砂带磨光机磨光时，对压垫的压力要均匀，砂带纵向移动时机和工作台横向移动，互相配合。

7. 作业后，切断电源，锁好闸箱，进行擦拭、润滑，清除木屑、刨花。

37. 混凝土切割机安全操作规程

混凝土切割机安全操作规程

1. 切割机上的工作机构应保证状态、性能正常，安装稳妥，紧固可靠。

2. 使用前，应检查并确认电动机、电缆线均正常，保护接地良好，防护装置安全有效，锯片选用符合要求，安装正确。

3. 启动后，应空载运转，检查并确认锯片运转方向正确，升降机构灵活，运转中无异常、异响，一切正常后，方可作业。

4. 操作人员应双手按紧工件，均匀送料，在推进切割机时，不得用力过猛。操作时不得戴手套。

5. 加工件送到与锯片相距 300mm 处或切割小块料时，应使用专用工具送料，不得直接用手推料。

6. 切割厚度应按机械出厂铭牌规定进行，不得超厚切割。

7. 作业中，当工件发生冲击、跳动及异常音响时，应立即停机检查，排除故障后，方可继续作业。

8. 严禁在运转中检查、维修各部件。锯台上和构件锯缝中的碎屑应采用专用工具及时清除，不得用手拣拾或抹拭。

9. 作业后，应清洗机身，擦干锯片，排放水箱余水，收回电缆线，并存放在干燥、通风处。

10. 长期搁置再用的机械，在使用前除对必要的机械维修和保养外，必须测量电动机绝缘电阻，合格后方可使用。

38. 咬口机安全操作规程

咬口机安全操作规程

1. 钣金和管工机械上的电源电动机，手持电动工具及液压装置的使用应执行《建筑机械使用安全技术规程》JGJ 33-2012 第 3.1 节、第 3.4 节及附录 C 的规定。

2. 应先空载运转，确认正常后，方可作业

3. 钣金和管工机械上刃具、胎具、模具等强度和精度应符合要求，刃磨锋利，安装稳固，紧固可靠。

4. 作业时，非操作和辅助人员不得在机械四周停留观看。

5. 钣金和管工机械上的传动部分应设有防护罩，作业时，严禁拆卸。机械均应安装在机棚内。

6. 工件长度、宽度不得超过机具允许范围。

7. 严禁用手触摸转动中的滚轮。用手送料到末端时，手指必须离开工件。

8. 作业中，当有异物进入滚轮中时，应及时停机修理。

9. 作业后，应切断电源，锁好电闸箱，并做好日常保养工作。

39. 法兰卷圆机安全操作规程

法兰卷圆机安全操作规程

1. 法兰卷圆机械上液压装置的使用应执行《建筑机械使用安全技术规程》JGJ 33-2012 有关规定。

2. 法兰卷圆机械上的模具强度和精度应符合要求，刃磨锋利，安装稳固，紧固可靠。

3. 法兰卷圆机械上的传动部分应设有防护罩，作业时，严禁拆卸。机械均应安装在机棚内。

4. 应先空载运转，确认正常后，方可作业。

5. 加工型钢规格不应超过机具的允许范围。

6. 当轧制的法兰不能进入第二道型辊时，应使用专用工具送入。严禁用手直接推送。

7. 当加工法兰直径超过 1000mm 时，应采取适当的安全措施。

8. 任何人不得靠近法兰尾端。

9. 作业时，非操作和辅助人员不得在机械四周停留观看。

10. 作业后，应切断电源，锁好电闸箱，并做好日常保养工作。

40. 圆盘下料机安全操作规程

圆盘下料机安全操作规程

1. 圆盘下料机械上的电源电动机，手持电动工具及液压装置的使用应执行《建筑机械使用安全技术规程》JGJ 33-2012 第 3.1 节、第 3.4 节、第 3.8 节及附录 C 的规定。

2. 圆盘下料机械上的刃具强度和精度应符合要求，刃磨锋利，安装稳固，紧固可靠。

机械上的传动部分应设有防护罩，作业时，严禁拆卸。机械均应安装在机棚内。

3. 作业前，应检查并确认各传动部件连接牢固可靠，先空载运转，确认正常后，方可开始作业。

4. 圆盘下料机下料的直径、厚度等不得超过机械出厂铭牌规定，下料前应先将整板切割成方块料，在机旁堆放整齐。

5. 下料机应安装在稳固的基础上。

6. 作业时，非操作和辅助人员不得在机械四周停留观看。

7. 当作业开始需校对上、下刀刃时，应先手动盘车，将上下刀刃的间隙调整为板厚的 1. 2 倍，再开机试切。应经多次调整到被切的圆形板无毛刺时，方可批量下料。

8. 作业后，应对下料机进行清洁保养工作，并应清除边角料，保持现场整洁。

9. 作业后，应切断电源，锁好电闸箱，并做好日常保养工作。

41. 折板机安全操作规程

折板机安全操作规程

1. 折板机机械上的电源电动机及液压装置的使用应执行《建筑机械使用安全技术规程》JGJ 33-2012 第 3.1 节、第 3.4 节、第 3.8 节及附录 C 的规定。

2. 折板机上的模具等强度和精度应符合要求，刃磨锋利，安装稳固，紧固可靠。机械上的传动部分应设有防护罩，作业时，严禁拆卸。

3. 折板机应安装在稳固的基础上，机械应安装在机棚内。

4. 作业前，应检查电气设备、液压装置及各紧固件，确认完好后，方可开机。

5. 作业时，应先校对模具，预留被折板厚的 1.5 ～ 2 倍间隙，经试折后，检查机械和模具装备均无误，再调整到折板规定的间隙，方可正式作业。

6. 作业时，非操作和辅助人员不得在机械四周停留观看。

7. 作业中，应经常检查上模具的紧固件和液压缸，当发现有松动或渗漏等情况，应立即停机，处理后，方可继续作业。

8. 批量生产时，应使用后标尺挡板进行对准和调整尺寸，并应空载运转，检查及确认其摆动灵活可靠。

9. 作业后，应切断电源，锁好电闸箱，并做好日常保养工作。

42. 套丝切管机安全操作规程

套丝切管机安全操作规程

1. 未经培训操作或熟练掌握套丝切管机使用方法者，不准启用机器操作。

2. 套丝切管机上的传动部位应设有防护罩，作业时，严禁拆卸。机械均应安装在机棚内。

3. 应按加工管径选用板牙头和板牙，板牙应按顺序放入，作业时应采用润滑油润滑板牙。

4. 当工件伸出卡盘端面的长度过长时，后部应加装辅助托架，并调整好高度。

5. 切断作业时，不得在旋转手柄上加长力臂；切平管端时，不得进刀过快。

6. 当加工件的管径或椭圆度较大时，应两次进刀。

7. 作业中应采用刷子清除切屑，不得敲打震落。

8. 作业后应切断电源，锁好电闸箱，并做好日常保养工作。

43. 弯管机安全操作规程

弯管机安全操作规程

1. 检查工作场地周围，清除一切妨碍工作和交通的杂物。地面上不得有油污以免滑倒。工件堆放要整齐牢固，以防倒塌伤人。

2. 检查弯管机上的防护装置是否完好，如没有装好，不准开车。中频弯管机应有良好接地和电气绝缘，电压应稳定。

3. 检查弯管机的润滑部位，缺油和无油时应将油加足。

4. 在空车试运转时，检查机械运转是否正常，电器开关是否灵敏好用。一切正常后，再进行工作。

5. 两人同时工作时要密切配合，协调一致。应指定专人操作开关。操作时不准与他人谈笑，以防误动作。

6. 在机床开动时，操作者不得离开机床。

7. 弯管机工作时，在管子弯度行程范围附近不准有人，并设立防护警示标志。撬管子时要站稳，防止被撬棒打滑击伤。操作人员应站在外侧。

8. 校正管子要注意四周安全，使用榔头要先浸入水中数分钟，防止脱柄伤人。敲管时禁止戴手套。

9. 热弯、校正管子时，脸部要避开管口，防止因管子震动时热砂喷出伤人。灌黄砂时，要将管子吊牢，防止倾倒。管内不得有油污，应选用干燥的黄砂。

10. 使用煤气时要先打开炉门，吹掉积余煤气后再点火。

11. 捆扎管子放入料架及解开捆扎钢丝时，要拦好垫牢，防止滚滑压伤。搬运管子应注意行人，防止碰伤人。

44. 坡口机安全操作规程

坡口机安全操作规程

1. 坡口机操作人员必须经专业培训，考试合格后持证上岗。

2. 坡口机上的刃具、胎具、模具等强度和精度应符合要求，刃磨锋利，安装稳固，紧固可靠。

3. 坡口机上的传动部分应设有防护罩，作业时严禁拆卸。机械均应安装在机棚内。

4. 应先空载运转，确认正常后，方可作业。

5. 冬季气温较低时，工作前应先启动坡口机空转一段时间，待一切正常后才能进行加工。

6. 当管子过长时，应加装辅助托架。

7. 作业中，不得俯身近视工件。严禁用手摸坡口及擦拭铁屑。

8. 作业时，非操作和辅助人员不得在机械四周停留观看。

9. 工作结束后，坡口机必须擦拭清理，工作机房内应打扫干净。

45. 铆焊设备安全操作规程

铆焊设备安全操作规程

1. 铆焊设备上的电器、内燃机、电动机、空气压缩机等的使用应执行《建筑机械使用安全技术规程》JGJ 33-2012 第 3.1 节，第 3.2 节，第 3.4 节，第 3.5 节的规定。并应有完整的防护外壳，一、二次接线柱处应有保护罩。

2. 焊接操作及配合人员必须按规定穿戴劳动防护用品。并必须采取防止触电、高空坠落、瓦斯中毒和火灾等事故的安全措施。

3. 现场使用的电焊机，应设有防雨、防潮、防晒的机棚，并应装设相应的消防器材。

4. 施焊现场 10m 范围内，不得堆放油类、木材、氧气瓶、乙炔发生器等易燃、易爆物品。

5. 当长期停用的电焊机恢复使用时，其绝缘电阻不得小于 0.5MΩ，接线部分不得有腐蚀和受潮现象。

6. 电焊机导线应具有良好的绝缘，绝缘电阻不得小于 1MΩ，不得将电焊机导线放在高温物体附近。电焊机导线和接地线不得搭在易燃、易爆和带有热源的物品上，接地线不得接在管道、机械设备和建筑物金属构架或轨道上，接地电阻不得大于 4Ω。严禁利用建筑的金属结构、管道、轨道或其他金属物体搭接起来形成焊接回路。

7. 电焊钳应有良好的绝缘和隔热能力。电焊钳握柄必须绝缘良好，握柄与导线连接应牢靠，接触良好，连接处应采用绝缘布包好并不得外露。操作人员不得用胳膊夹持电焊钳。

8. 电焊导线长度不宜大于 30m。当需要加长导线时，应相应增加导线的截面。当导线通过道路时，必须架高或穿入防护管内埋设在地下；当通过轨道时，必须从轨道下面通过。当导线绝缘受损或断股时，应立即更换。

9. 对承压状态的压力容器及管道、带电设备、承载结构的受力部位和装有易燃、易爆物品的容器严禁进行焊接和切割。

10. 焊接铜、铝、锌、锡等有色金属时，应通风良好，焊接人员应戴防毒面罩、呼吸滤清器或采取其他防毒措施。

11. 当需施焊受压容器、密封容器、油桶、管道、沾有可燃气体和溶液的工件时，应先消除容器及管道内压力，消除可燃气体和溶液，然后冲洗有毒、有害、易燃物质；对存有残余油脂的容器，应先用蒸汽、碱水冲洗，并打开盖口，确认容器清洗干净后，再灌满清水方可进行焊接。在容器内焊接应采取防止触电、中毒和窒息的措施。焊、割密封容器应留出气孔，必要时在进、出气口处装设通风设备；容器内照明电压不得超过 12V，焊工与焊件间应绝缘；容器外应设专人监护。严禁在已喷涂过油漆和塑料的容器内焊接。

12. 当焊接预热焊件温度达 150 ～ 700℃时，应设挡板隔离焊件发出的辐射热，焊接人员应穿戴隔热的石棉服装和鞋、帽等。

13. 高空焊接或切割时，必须系好安全带，焊接周围和下方应采取防火措施，并应有专人监护。

14. 工作时先合上输入电闸，再合输出电闸，并注意设备声音、温度是否正常。雷雨天禁止在室外放置电、气焊设备，必须放置时要加设防雨、防雷设施。

15. 应按电焊机额定焊接电流和暂载率操作，严禁过载。在载荷运行中，应经常检查电焊机的温升，当温升超过 A 级 60℃、B 级 80℃时，必须停止运转并采取降温措施。

16. 当清除焊缝焊渣时，应戴防护眼镜，头部应避开敲击焊渣飞溅方向。

46. 电动液压铆接钳安全操作规程

电动液压铆接钳安全操作规程

1. 作业前，应检查并确认各部螺栓无松动，高压油泵转动方向正确。

2. 应先空载运转，确认正常后，方可作业。在空载情况下，不得开启液压开关。

3. 作业前，应检查并确认各部螺栓无松动，高压油泵转动方向正确。

4. 电焊钳应有良好的绝缘和隔热能力。电焊钳握柄必须绝缘良好，握柄与导线连接应牢靠，接触良好，连接处应采用绝缘布包好并不得外露。操作人员不得用胳膊夹持电焊钳。

5. 应随时观察工作压力。工作压力不得超过额定值。

6. 各种规格的风管的耐风压应为 0. 8MPa 及以上，各种管接头应无渗漏。

7. 使用各类风动工具前，应先用汽油浸泡、拆检清洗每个部件呈金属光泽，再用干布、棉纱擦拭干净后，方可组装。组装时，运动部分均应滴入适量润滑油，保持工作机构干净和润滑良好。

8. 风动铆钉枪使用前应先上好窝头，用铁丝将窝头沟槽在风枪口留出运动量后，并与风枪上的原铁丝连接绑扎牢固，方可使用。

9. 风动铆钉枪作业时，操作的二人应密切配合，明确手势及喊话。开始作业前，应至少作两次假动作试铆，确认无误后，方可开始作业。

10. 在作业中严禁随意开风门（放空枪）或铆冷钉。

11. 使用风钻时，应先用铣孔工具，根据原钉孔大小选配铣刀，其规格不得大于孔径。

12. 风钻钻孔时，钻头中心应与钻孔中心对正后方可开钻。

13. 加压杠钻孔时，作业的二人应密切配合，压杠人员应听从握钻人员的指挥，不得随意加压。

14. 风动工具使用完毕，应将工具清洗后干燥保管，各种风管及刃具均应盘好后入库保管，不得随意堆放。

15. 应随时观察工作压力。工作压力不得超过额定值。

47. 电动铆接工具安全操作规程

电动铆接工具安全操作规程

1. 风动铆接工具使用时风压应为 0.7MPa，最低不得小于 0.5MPa。

2. 各种规格风管的耐风压应为 0.8MPa 及以上，各种管接头应无渗漏。

3. 使用各类风动工具前，应先用汽油浸泡、拆检清洗每个部件呈金属光泽，再用干布、棉纱擦拭干净后，方可组装。组装时，运动部分均应滴入适量润滑油保持工作机构干净和润滑良好。

4. 风动铆钉枪使用前应先上好窝头，用铁丝将窝头沟槽在风枪口留出运动量后，并与风枪上的原铁丝连接绑扎牢固，方可使用。

5. 风动铆钉枪作业时，操作的两人应密切配合，明确手势及喊话。开始作业前，应至少做两次假动作试铆，确认无误后，方可开始作业。

6. 在作业中严禁随意开风门（放空枪）或铆冷钉。

7. 使用风钻时，应先用铣孔工具，根据原钉孔大小选配铣刀，其规格不得大于孔径。

8. 风钻钻孔时，钻头中心应与钻孔中心对正后方可开钻。

9. 加压杠钻孔时，作业的二人应密切配合，压杠人员应听从握钻人员的指挥，不得随意加压。

10. 风动工具使用完毕，应将工具清洗后干燥保管，各种风管及刃具均应盘好后入库保管，不得随意堆放。

48. 交流电焊机安全操作规程

交流电焊机安全操作规程

1. 现场使用的电焊机，应设有防雨、防潮、防晒的机棚，并应装设相应的消防器材。

2. 交流电焊机操作及配合人员必须按规定穿戴劳动防护用品。并必须采取防止触电、高空坠落、瓦斯中毒火灾等事故的安全措施。

3. 高空焊接或切割时，必须系好安全带，焊接周围和下方应采取防火措施，并应有专人监护。

4. 当需施焊受压容器、密封容器、油桶、管道、沾有可燃气体和溶液的工件时，应先消除容器及管道内压力，消除可燃气体和溶液，然后冲洗有毒、有害、易燃物质；对存有残余油脂的容器，应先用蒸汽、碱水冲洗，并打开盖口，确认容器清洗干净后，再灌满清水方可进行焊接。在容器内焊接应采取防止触电、中毒和窒息的措施。焊、割密封容器内应留出气孔，必要时在进、出气口处装设通风设备；容器内照明电压不得超过12V，焊工与焊件间应绝缘；容器外应设专人监护。严禁在已喷涂过油漆和塑料的容器内焊接。

5. 对承压状态的压力容器及管道、带电设备、承载结构的受力部位和装有易燃、易爆物品的容器严禁进行焊接和切割。

6. 焊接铜、铝、锌、锡等有色金属时，应通风良好，焊接人员应戴防毒面罩、呼吸滤清器或采取其他防毒措施。

7. 当消除焊缝焊渣时，应戴防护眼镜，头部应避开敲击焊渣飞溅方向。

8. 雨天不得在露天电焊。在潮湿地带作业时，操作人员应站在铺有绝缘物品的地方，并应穿绝缘鞋。

9. 使用前，应检查并确认初、次级线接线正确，输入电压符合电焊机的铭牌规定。接通电源后，严禁接触初级线路的带电部分。

10. 多台电焊机集中使用时，应分接在三相电源网络上，使三相负载平衡。多台焊机的接地装置，应分别由接地极处引接，不得串联。

11. 移动电焊机时，应切断电源，不得用拖拉电缆的方法移动焊机。当焊接中突然停电时，应立即切断电源。

12. 作业结束后，清理场地、灭绝火种，消除焊件余热后，切断电焊机电源，锁好闸箱，方可离开。

49. 旋转式直流电焊机安全操作规程

旋转式直流电焊机安全操作规程

1. 新机使用前，应将换向器上的污物擦干净，换向器与电刷接触应良好。

2. 启动时，应检查并确认转子的旋转方向符合焊机标志的箭头方向。

3. 启动后，应检查电刷和换向器，当有大量火花时，应停机查明原因，排除故障后方可使用。

4. 当数台焊机在同一场地作业时，应逐台启动。

5. 运行中，当需调节焊接电流和极性开关时，不得在负荷时进行。调节不得过快、过猛。

6. 焊接操作及配合人员必须按规定穿戴劳动防护用品。并必须采取防止触电、高空坠落、瓦斯中毒和火灾等事故的安全措施。

7. 现场使用的电焊机，应设有防雨、防潮、防晒的机棚，并应装设相应的消防器材。

8. 高空焊接或切割时，必须系好安全带，焊接周围和下方应采取防火措施，并应有专人监护。

9. 当需施焊受压容器、密封容器、油桶、管道、沾有可燃气体和溶液的工件时，应先消除容器及管道内压力，消除可燃气体和溶液，然后冲洗有毒、有害、易燃物质；对存有残余油脂的容器，应先用蒸汽、碱水冲洗，并打开盖口，确认容器清洗干净后，再灌满清水方可进行焊接。在容器内焊接应采取防止触电、中毒和窒息的措施。焊、割密封容器应留出气孔，必要时在进、出气口处装设通风设备；容器内照明电压不得超过 12V，焊工与焊件间应绝缘；容器外应设专人监护。严禁在已喷涂过油漆和塑料的容器内焊接。

10. 对承压状态的压力容器及管道、带电设备、承载结构的受力部位和装有易燃、易爆物品的容器，严禁进行焊接和切割。

11. 焊接铜、铝、锌、锡等有色金属时，应通风良好，焊接人员应 戴防毒面罩、呼吸滤清器或采取其他防毒措施。

12. 当清除焊缝焊渣时，应戴防护眼镜，头部应避开敲击焊渣飞溅方向。

13. 作业结束后，清理场地、灭绝火种，消除焊件余热后，切断电焊机电源，锁好闸箱，方可离开。

50. 硅整流直流电焊机安全操作规程

硅整流直流电焊机安全操作规程

1. 电焊机的工作环境必须符合制造厂使用说明中的要求。

2. 使用前，应检查并确认硅整流元件与散热片连接紧固，各接线端头紧固。

3. 使用时，应先开启风扇电机，电压表指示值应正常，风扇电机无异响。

4. 硅整流直流电焊机主变压器的次级线圈和控制变压器的次级线圈严禁用摇表测试。

5. 硅整流元件应进行保护和冷却。当发现整流元件损坏时，应查明原因，排除故障后，方可更换新件。

6. 整流元件和有关电子线路应保持清洁和干燥。启用长期停用的焊机时，应空载通电一定时间进行干燥处理。

7. 搬运由高导磁材料制成的磁放大铁芯时，应防止强烈震动引起磁能恶化。

8. 焊接操作及配合人员必须按规定穿戴劳动防护用品，并必须采取防止触电、高空坠落、瓦斯中毒和火灾等事故的安全措施。

9. 现场使用的电焊机，应设有防雨、防潮、防晒的机棚，并应装设相应的消防器材。

10. 高空焊接或切割时，必须系好安全带，焊接周围和下方应采取防火措施，并应有专人监护。

11. 当需施焊受压容器、密封容器、油桶、管道、沾有可燃气体和塔液的工件时，应先消除容器及管道内压力，消除可燃气体和溶液，然后冲洗有毒、有害、易燃物质；对存有残余油脂的容器，应先用蒸汽、碱水冲洗，并打开盖口，确认容器清洗干净后，再灌满清水方可进行焊接。在容器内焊接应采取防止触电、中毒和窒息的措施。焊、割密封容器应留出气孔，必要时在进、出气口处装设通风设备；容器内照明电压不得超过 12V，焊工与焊件间应绝缘；容器外应设专人监护。严禁在已喷涂过油漆和塑料的容器内焊接。

12. 对承压状态的压力容器及管道、带电设备、承载结构的受力部位和装有易燃、易爆物品的容器，严禁进行焊接和切割。焊接铜、铝、锌、锡等有色金属时，应通风良好，焊接人员应戴防毒面罩、呼吸滤清器或采取其他防毒措施。

13. 雨天不得在露天电焊。在潮湿地带作业时，操作人员应站在铺有绝缘物品的地方，并应穿绝缘鞋。

14. 停机后，应清洁硅整流器及其他部件，方可离开。

51. 氩弧焊机安全操作规程

氩弧焊机安全操作规程

1. 氩弧焊机的使用应执行《建筑机械使用安全技术规程》JGJ33-2012 第 12.1 节、第 12.3 节、第 12.4 节的规定。

2. 在详细阅读设备说明书并经过相应的培训后，操作人员方可使用该设备。

3. 使用前检查焊接电源，控制系统是否有接地线，没有地线不准使用。传动部分要正常，氩气、水源必须畅通。如有漏水、漏气现象，应立即及时修理。

4. 应根据材质的性能、尺寸、形状先确定极性，再确定电压、电流和氩气的流量。

5. 安装的氩气减压阀、管接头不得沾有油脂。安装后，应进行试验并确认无障碍和漏气。

6. 冷却水应保持清洁，水冷型焊机在焊接过程中，冷却水的流量应正常，不得断水施焊。

7. 高频引弧的焊机，其高频防护装置应良好，亦可通过降低频率进行防护；不得发生短路，振荡器电源线路中的联锁开关严禁分接。

8. 使用氩弧焊时，操作者应戴防毒面罩，钍钨棒的打磨应设有抽风装置，贮存时宜放在铅盒内。钨极粗细应根据焊接厚度确定，更换钨极时，必须切断电源。磨削钨极端头时，操作人员必须戴手套和口罩，磨削下来的粉尘，应及时清除，钍、铈、钨极不得随身携带。

9. 焊机作业附近不宜装置有震动的其他机械设备，不得放置易燃、易爆物品。工作场所应有良好的通风措施。

10. 氮气瓶和氩气瓶与焊接地点不应靠得太近，并应直立固定放置，不得倒放。

11. 焊接操作及配合人员必须按规定穿戴劳动防护用品。并必须采取防止触电、高空坠落、瓦斯中毒和火灾等事故的安全措施。

12. 现场使用的电焊机，应设有防雨、防潮、防晒的机棚，并应装设相应的消防器材。

13. 高空焊接或切割时，必须系好安全带，焊接周围和下方应采取防火措施，并应有专人监护。

14. 当需施焊受压容器、密封容器、油桶、管道、沾有可燃气体和溶液的工件时，应先消除容器及管道内压力，消除可燃气体和溶液，然后冲洗有毒、有害、易燃物质；对存有残余油脂的容器，应先用蒸汽、碱水冲洗，并打开盖口，确认容器清洗干净后，再灌满清水方可进行焊接。在容器内焊接应采取防止触电、中毒和窒息的措施。焊、割密封容器应留出气孔，必要时在进、出气口处装设通风设备；容器内照明电压不得超过12V，焊工与焊件间应绝缘；容器外应设专人监护。严禁在已喷涂过油漆和塑料的容器内焊接。

15. 对承压状态的压力容器及管道、带电设备、承载结构的受力部位和装有易燃、易爆物品的容器严禁进行焊接和切割。

16. 焊接铜、铝、锌、锡等有色金属时，应通风良好，焊接人员应戴防毒面罩、呼吸滤清器或采取其他防毒措施。

17. 当清除焊缝焊渣时，应戴防护眼镜，头部应避开敲击焊渣飞溅方向。

18. 雨天不得在露天电焊。在潮湿地带作业时，操作人员应站在铺有绝缘物品的地方，并应穿绝缘鞋。

19. 焊接作业完成以后先关闭焊机电源、冷却水，然后关闭气瓶阀门，最后关闭总电源。

52. 二氧化碳气体保护焊安全操作规程

二氧化碳气体保护焊安全操作规程

1. 作业前，二氧化碳气体应先预热15min。开气时，操作人员必须站在瓶嘴的侧面。

2. 工作前应确认焊机、导线、手把等安全可靠；焊机接地牢固，手柄和导线绝缘良好，管道阀门无泄漏。

3. 二氧化碳气体瓶宜放在阴凉处，其最高温度不得超过30℃，并应放置牢靠，不得靠近热源。

4. 二氧化碳气体预热器端的电压，不得大于36V，作业后，应切断电源。

5. 焊接操作及配合人员必须按规定穿戴劳动防护用品。并必须采取防止触电、高空坠落、瓦斯中毒和火灾等事故的安全措施。

6. 现场使用的电焊机，应设有防雨、防潮、防晒的机棚，并应装设相应的消防器材。

7. 高空焊接或切割时，必须系好安全带，焊接周围和下方应采取防火措施，并应有专人监护。

8. 当需施焊受压容器、密封容器、油桶、管道、沾有可燃气体和溶液的工件时，应先消除容器及管道内压力，消除可燃气体和溶液，然后冲洗有毒、有害、易燃物质；对存有残余油脂的容器，应先用蒸汽、碱水冲洗，并打开盖口，确认容器清洗干净后，再灌满清水方可进行焊接。在容器内焊接应采取防止触电、中毒和窒息的措施。焊、割密封容器应留出气孔，必要时在进、出气口处装设通风设备；容器内照明电压不得超过 12V，焊工与焊件间应绝缘；容器外应设专人监护。严禁在已喷涂过油漆和塑料的容器内焊接。

9. 对承压状态的压力容器及管道、带电设备、承载结构的受力部位和装有易燃、易爆物品的容器严禁进行焊接和切割。

10. 焊接铜、铝、锌、锡等有色金属时，应通风良好，焊接人员应戴防毒面罩、呼吸滤清器或采取其他防毒措施。

11. 当消除焊缝焊渣时，应戴防护眼镜，头部应避开敲击焊渣飞溅方向。

12. 工作结束后，应可靠切断电源、气源；清除场地内可能保留的着火物并清扫工作场地。

53. 等离子切割安全操作规程

等离子切割安全操作规程

1. 应检查并确认电源、气源、水源无漏电、漏气、漏水，接地或接零安全可靠。

2. 小车、工件应放在适当位置，并应使工件和切割电路正极接通，切割工作面下应设有熔渣坑。

3. 应根据工件材质、种类和厚度选定喷嘴孔径，调整切割电源、气体流量和电极的内缩量。

4. 自动切割小车应经空车运转，并选定切割速度。

5. 操作人员必须戴好防护面罩、电焊手套、帽子、滤膜防尘口罩和隔声耳罩。不戴防护镜的人员严禁直接观察等离子弧，裸露的皮肤严禁接近等离子弧。

6. 切割时，操作人员应站在上风处操作。可从工作台下部抽风，并宜缩小操作台上的敞开面积。

7. 切割时，当空载电压过高时，应检查电器接地、接零和割炬手把绝缘情况，应将工作台与地面绝缘，或在电气控制系统安装空载断路继电器。

8. 使用钍、钨电极应符合《建筑机械使用安全技术规程》JGJ33-2012 的规定。

9. 高频发生器应设有屏蔽护罩，用高频引弧后，应立即切断高频电路。

10. 切割操作及配合人员必须按规定穿戴劳动防护用品。并必须采取防止触电、高空坠落、瓦斯中毒和火灾等事故的安全措施。

11. 高空焊接或切割时，必须系好安全带，焊接切割周围和下方应采取防火措施，并应有专人监护。

12. 现场使用的电焊机，应设有防雨、防潮、防晒的机棚，并应装设相应的消防器材。

13. 当需施焊受压容器、密封容器、油桶、管道、沾有可燃气体和溶液的工件时，应先消除容器及管道内压力，消除可燃气体和溶液，然后冲洗有毒、有害、易燃物质；对存有残余油脂的容器，应先用蒸汽、碱水冲洗，并打开盖口，确认容器清洗干净后，再灌满清水方可进行焊接。在容器内焊割应采取防止触电、中毒和窒息的措施。焊、割密封容器应留出气孔，必要时在进、出气口处装设通风设备；容器内照明电压不得超过 12V，焊工与焊件间应绝缘；容器外应设专人监护。严禁在已喷涂过油漆和塑料的容器内焊接。

14. 对承压状态的压力容器及管道、带电设备、承载结构的受力部位和装有易燃、易爆物品的容器严禁进行焊接和切割。

15. 雨天不得在露天电焊。在潮湿地带作业时，操作人员应站在铺有绝缘物品的地方，并应穿绝缘鞋。

16. 作业后，应切断电源，关闭气源和水源。

54. 埋弧焊机安全操作规程

埋弧焊机安全操作规程

1. 在详细阅读设备说明书及经过相应的培训后方可使用该设备，在使用该设备之前必须获得设备管理人员同意。

2. 在使用前检查电路是否按照要求接好，弧焊电源是否拨至埋弧焊挡位上，焊丝盘是否安装到位。

3. 在使用焊机时必须穿戴好工作服、手套，应做好个人防护，避免飞溅。

4. 合上总电源开关，首先启动弧焊电源，再开启焊接小车电源，在小车控制箱上调节好焊丝长度。

5. 焊接前检查轨道上是否有异物阻挡，轨道是否平整，溶剂及流量是否足够、畅通。

6. 检查电缆滑车是否松动，轨道是否有杂物。

7. 严格按照该设备的有关操作程序进行操作。

8. 根据不同焊接样品采用相应的焊接规范进行焊接，在焊接时保证室内空气流通。

9. 焊接起弧后注意焊缝之形状，适当调节焊头高度角度，焊接边度，焊接电压、电流。

10. 焊剂回收机口不应吸入焊渣，防堵塞。

11. 焊接结束后让小车回位，先关闭小车电源，再关闭弧焊电源，最后关闭总电源。仔细检查工作场所周围的防护措施，确认无起火危险后方可离去。

12. 雨天不得在露天电焊。在潮湿地带作业时，操作人员应站在铺有绝缘物品的地方，并应穿绝缘鞋。

55. 竖向钢筋电渣压力焊机安全操作规程

竖向钢筋电渣压力焊机安全操作规程

1. 应根据施焊钢筋直径选择具有足够输出电流的电焊机。电源电缆和控制电缆连接应正确、牢固。控制箱的外壳应牢靠接地。

2. 施工前，应检查供电电压并确认正常，当一次电压降大于 8% 时，不宜焊接。焊接导线长度不得大于 30m，截面面积不得小于 $50mm^2$。

3. 施焊前应检查并确认电源及控制电路正常，定时准确，偏差不大于 5%，机具的传动系统、夹装系统及焊钳的转动部分灵活自如，焊剂已干燥，所需附件齐全。

4. 施焊前，应按所焊钢筋的直径，根据参数表，标好所需的电源和时间。

一般情况下，时间（s）可为钢筋的直径数（mm），电流（A）可为钢筋直径的20倍数（mm）。

5. 起弧前，上、下钢筋应对齐，钢筋端头应接触良好。对锈蚀、粘有水泥的钢筋，应采用钢丝刷清除，并保证导电良好。

6. 施焊过程中，应随时检查焊接质量，当发现倾斜、偏心、未熔合、有气孔等现象时，应重新施焊。

7. 每个接头焊完后，应停留5～6min保温，寒冷季节应适当延长。当拆下机具时，应扶住钢筋，过热的接头不得过于受力。焊渣应待完全冷却后清除。

8. 焊接操作及配合人员必须按规定穿戴劳动防护用品，并必须采取防止触电、高空坠落、瓦斯中毒和火灾等事故的安全措施。

9. 现场使用的电焊机，应设有防雨、防潮、防晒的机棚，并应装设相应的消防器材。

10. 高空焊接时，必须系好安全带，焊接周围和下方应采取防火措施，并应有专人监护。

11. 当清除焊缝焊渣时，应戴防护眼镜，头部应避开敲击焊渣飞溅方向。

12. 雨天不得在露天电焊。在潮湿地带作业时，操作人员应站在铺有绝缘物品的地方，并应穿绝缘鞋。

56. 对焊机安全操作规程

对焊机安全操作规程

1. 根据技术要求选择相应容量的焊机、空气开关、一次线、二次线缆，焊机及控制箱要接好地线，焊机不得受潮。

2. 检查设备是否完好、定时器是否准确，试按控制钮是否动作，各机械传动部分是否灵活。

3. 操作时要戴好电焊手套，穿好绝缘鞋和工作服。

4. 卡装时一定要把夹具拧紧，避免松动、跌落，造成机械损伤和人身事故。

5. 焊剂罐底下一定要仔细地垫好石棉垫，避免熔渣流出造成烫伤。

6. 操作中在移动机头时要注意一次线、二次线勿被损伤，以免漏电造成触电事故。

7. 操作者在闪光焊时，须戴深色防护眼镜及帽子等，以免弧光刺激眼睛和熔化金属烧伤皮肤。

8. 焊接后应随时清除钳口及周围的金属溅末，应常保持焊机的清洁。

9. 焊机上所有滑移部位注意应保持良好的润滑。

10. 交流接触器及继电器应保持清洁，电气触头每隔一个月用细砂纸打磨一次。

11. 要注意焊割环境，应远离易燃易爆品。

12. 交接班要交待安全事项。

13. 冬季施焊时，室内温度不应低于 8℃。作业后，应放尽机内冷却水。

57. 点焊机安全操作规程

点焊机安全操作规程

1. 工作前必须清除油渍和污物，否则将严重降低电极的使用期限，影响焊接质量。

2. 启动前，应先接通控制线路的转向开关和焊接电流的小开关，调整好极数，再接通水源、气源，最后接通电源。

3. 焊机通电后，应检查电气设备、操作机构、冷却系统、气路系统及机体外壳有无漏电现象。电极触头应保持光洁，有漏电时，应立即更换。

4. 作业时，气路、水冷系统应畅通，气体应保持干燥。排水温度不得超过 40℃，排水量可根据气温调节。

5. 焊机在气温 0℃以下停止工作时，必须用压缩空气吹除冷却系统的存水，以防管路冻裂或堵塞。

6. 严禁在引燃电路中加大熔断器。当负载过小使引燃管内电弧不能发生时，不得闭合控制箱的引燃电路。

7. 当控制箱长期停用时，每月应通电加热 30min。更换闸流管时应预热 30min。正常工作的控制箱的预热时间不得小于 5min。

8. 焊接操作及配合人员必须按规定穿戴劳动防护用品，并必须采取防止触电、高空坠落、瓦斯中毒和火灾等事故的安全措施。

9. 现场使用的电焊机，应设有防雨、防潮、防晒的机棚，并应装设相应的消防器材。

10. 高空焊接或切割时，必须系好安全带，焊接周围和下方应采取防火措施，并应有专人监护。

11. 当清除焊缝焊渣时，应戴防护眼镜，头部应避开敲击焊渣飞溅方向。

12. 雨天不得在露天电焊。在潮湿地带作业时，操作人员应站在铺有绝缘物品的地方，并应穿绝缘鞋。

58. 气焊设备安全操作规程

气焊设备安全操作规程

1. 一次加电石 10kg 或每小时产生 $5m^3$ 乙炔气的乙炔发生器应采用固定式，并应建立乙炔站（房），由专人操作。乙炔站与厂房及其他建筑物的距离应符合现行国家标准《乙炔站设计规范》GB 50031 及《建筑设计防火规范》GB 50016 的有关规定。

2. 检查乙炔、氧气瓶、橡胶软管接头、阀门等可能泄露的部位是否良好，焊炬上有无油垢，焊（割）炬的射吸能力如何。

3. 氧气瓶、乙炔气瓶应分开放置，间距不得少于 5m。作业点宜备清水，以备及时冷却焊嘴。

4. 使用的胶管应为经耐压实验合格的产品，不得使用代用品、变质、老化、脆裂、漏气和沾有油污的胶管，发生回火倒燃应更换胶管，可燃、助燃气体胶管不得混用。

5. 当气焊（割）炬由于高温发生炸鸣时，必须立即关闭乙炔供气阀，将焊（割）炬放入水中冷却，同时也应关闭氧气阀。

6. 焊（割）炬点火前，应用氧气吹风，检查有无风压及堵塞、漏气现象。

7. 对于射吸式焊割炬，点火时应先微开焊炬上的氧气阀，再开启乙炔气阀，然后点燃调节火焰。

8. 使用乙炔切割机时，应先开乙炔气，再开氧气；使用氢气切割机时，应先开氢气，后开氧气。

9. 作业中。当乙炔管发生脱落、破裂、着火时，应先将焊机或割炬的火焰熄灭，然后停止供气。

10. 当氧气管着火时，应立即关闭氧气瓶阀，停止供氧。禁止用弯折的方法断气灭火。

11. 进入容器内焊割时，点火和熄灭均应在容器外进行。

12. 熄灭火焰，焊炬应先关乙炔气阀，再关氧气阀；割炬应先关氧气阀，再关乙炔及氧气阀门。

13. 当发生回火，胶管或回火防止器上喷火，应迅速关闭焊炬上的氧气阀和乙炔气阀，再关上一级氧气阀和乙炔气阀门，然后采取灭火措施。

59. 平板机操作工安全操作规程

平板机操作工安全操作规程

1. 操作人员应了解机械结构性能，熟练掌握操作技术。

2. 工作前应检查机械各传动部分是否完好及各部位的润滑是否良好，检查电气系统是否安全可靠。

3. 加工板料厚度应符合机械出厂规定，不得超负荷使用。

4. 平板时，人不得站在板料的端头，应站在板的两侧，以免伤人。

5. 定期检查机械的地脚螺栓及拉杆螺母有无松动。

6. 注意观察支撑辊与工作辊的接触情况，如接触不好应及时利用斜铁调整。

7. 加工时，辊子开口度的大小应根据板材的原始变形程度决定。

8. 板料上辊前要求清洁，无砂子、泥土等杂物。

9. 工作后将机床及周围清理干净，各手柄应恢复原位，切断电源，做好清洁润滑工作，填写运转记录。

60. 卷板机操作工安全操作规程

卷板机操作工安全操作规程

1. 操作手应了解本机械的结构性能。

2. 开车前和停车后，电路系统的所有按钮必须置于零位。

3. 开车前必须检查各部位零件及传动系统是否正常，并做好各部位的润滑工作。

4. 运转过程中若发现不规则的噪声、冲击、振动、漏电等现象应立即停机检修。

5. 卷制钢板过程中，人不能在移动的钢板上站立或行走，操作人员要站立在被卷钢板两侧的地面上而不能站在端头，以防止钢板伸出和掉下来伤人。

6. 检查卷板弧度或被卷钢板的凸凹度时，必须停车。

7. 卷板平整钢板到端头时，应留有余量，防止在停车时脱落或窜出伤人。

8. 卷大直径筒体，应用吊具配合防止回弹。

9. 液压系统在调整试车时，操作人员应尽量不要靠近接头部位，以免高压油意外喷出伤人。

10. 加工的板材厚度不应大于机械铭牌标示的范围。

11. 卷制过程中不允许发生打滑现象，不允许未经铲平焊缝的钢板或未经矫平的钢板直接卷制。

12. 卷制过程中，必须主动轮停车后方能进行升降或倒头动作。

13. 工作后切断电源，做好清洁保养工作，认真填写运转记录。

61. 砂轮机安全操作规程

砂轮机安全操作规程

1. 操作人员应熟知砂轮机的结构和工作原理。

2. 砂轮机启动前应做好详细检查，各部位安全可靠才能启动。

3. 操作时应戴护目镜。

4. 砂轮机运转出现杂声、电动机温度过高等现象时，应立即停机检查、维修和调整。

5. 定期做好维护、保养。

62. 卷圆机操作工安全操作规程

卷圆机操作工安全操作规程

1. 操作手应了解机械的结构、性能和工作原理。

2. 开车前必须检查各部位零件及传动系统是否正常，并做好各部位的润滑工作。

3. 运转过程中若发现不规则的噪声、冲击、振动、漏电等现象，应立即停车检修。

4. 卷制钢板过程中，操作人员要站在被卷钢板两侧的地面上，而不能站在端头，以防止钢板伸出和掉下伤人。

5. 加工的板材规格不应超过机器规定范围。

6. 工作后切断电源，做好清洁保养工作，认真填写运转记录。

63. 电动空压机安全操作规程

电动空压机安全操作规程

1. 空压机操作人员应熟悉机械的结构、性能及操作方法。

2. 启动前应检查机械的各连接部位及固定螺栓是否牢固可靠。

3. 启动前应检查曲轴箱油面是否达到规定标准，各注油点要注足够的润滑脂。

4. 启动前应检查电路、电器及接头是否可靠。

5. 启动前用手盘动飞轮 2 ～ 3 转，检查部件的转动情况是否正常。

6. 启动前要关闭进气阀，以保证空负荷启动。

7. 启动后应检查空压机的运转是否正常，正常后逐步打开阀门进行负荷运转。

8. 空压机运转中要观察运行情况，通过仪表观察气缸压力是否达到规定标准。

9. 每工作 8h 应放冷却器、储气罐中的沉淀物 1 ～ 2 次，空气滤清器每月至少清洗一次。

10. 空压机运转中发现油压、油温、水温突然上升或下降等反常现象后立即停机检查原因，予以排除故障。

11. 空压机和储罐上安装的压力表、安全阀、单向阀、放气阀和压力调节器等均应良好可靠（压力表和安全阀应每年校验一次，未安装安全阀的气罐禁止使用），按期校验。

12. 落实好例行保养制度，定期更换润滑油。

13. 工作完毕后应切断电源，做好设备的清洁卫生，填写运转记录。

5.3 岗位职责标志

施工现场施工员是基层的技术组织管理人员。主要工作内容是在项目经理领导下，深入施工现场，协助搞好施工管理，与施工队一起复核工程量，提供施工现场所需材料规格、型号和到场日期，做好现场材料的验收签证和管理，及时对隐蔽工程进行验收和工程量签证，协助项目经理做好工程的资料收集、保管和归档，对现场施工的进度和成本负有重要责任。

施工现场岗位责任标志牌如下。

5.3.1 职能人员岗位责任制

1. 项目经理岗位职责

项目经理岗位职责

1. 认真贯彻执行国家、地方政府的有关方针政策以及本企业的各项规章制度。

2. 在总经理领导下，会同有关部门协商组建项目经理部。

3. 对项目施工生产、经营管理工作全面负责。

4. 贯彻实施公司质量方针和质量目标，领导工程项目部进行策划，制定项目质量目标和项目经理部管理职责，确保质量目标的实现。

5. 负责组织各种资源完成本次项目施工合同，对工程质量、施工进度、安全文明施工状况予以控制。

6. 主持召开项目例会，对项目的整个生产经营活动进行组织、指挥、监督和协调。

2. 技术经理岗位职责

技术经理岗位职责

1. 全面负责工程的质量、技术及施工管理。

2. 建立施工进度网络保证体系、技术管理保证体系和环境保护保证体系。

3. 组织贯彻执行有关技术标准、规范、规程，督促检查职能部门、分包单位的质量、技术、安全、试验、测量、计量、材料、机械设备、能源等的规范、标准的执行情况。

4. 组织好施工工程的图纸会审，组织好新的推广及技术革新。

5. 主持本项目部施工组织设计、施工方案、工序程序文件的编制，坚持每道工序的程序管理。

6. 负责项目部的工程质量管理工作。

7. 做好职工技术培训。

8. 落实安全生产方针、政策，严格执行安全技术规程。主持项目工程的单分项安全技术交底和开工前对项目工程技术人员、安全人员、分包负责人、施工人员进行技术、安全等方面交底及签字手续。

9. 组织编制施工组织设计，编制、审查施工方案，制定、检查安全技术措施。

10. 参与因工伤亡事故以及重大未遂事故的调查，对工伤（未遂）事故作技术分析，提出防范。

11. 指导工长对作业工人的安全技术交底及规章制度的学习。

12. 督促有关部门和分包单位做好技术档案资料的收集、整理归档。

13. 真实填写工作日报。

3. 生产经理岗位职责

生产经理岗位职责

1. 在总经理的领导下，贯彻、执行公司的有关方针、政策。

2. 全面负责工厂生产管理工作。

3. 负责组织生产、设备、安全检查，环保、生产统计等管理制度的拟订、修改、检查、监督、控制及实施执行。

4. 负责组织编制年、季、月度生产作业、设备维修、安全环保计划。定期组织召开公司月度生产计划排产会，及时组织实施、检查、协调、考核。

5. 负责牵头召开公司每周一次调度会，与营销部门密切配合，确保产品合同的履行，力争公司生产任务全面、超额完成。

6. 配合技术开发部参加技术管理标准、生产工艺流程、新产品开发方案审定工作，及时安排、组织试生产，不断提高公司产品的市场竞争力。

7. 负责抓安全生产、现场管理、劳动防护、环境保护专项工作。

8. 负责做好生产统计核算基础管理工作。重视生产用原始记录、台账、报表管理工作，及时编制上报年、季、月度生产、设备等有关统计报表。

9. 负责做好生产设备、计量器具维护检修工作，合理安排设备检修时间。

10. 强化调度管理。科学地平衡综合生产能力，合理安排生产作业时间，平衡用电、节约能源、节约产品制造费用、降低生产成本。

11. 负责组织生产调度员、统计员、计划员、设备管理员、安全员及车间级管理人员的业务指导和培训工作，并对其工作定期检查、考核和评比。

12. 负责组织拟定本部门工作目标、工作计划，并及时组织实施、指导、协调、检查、监督及控制。

13. 有权向主管领导提议下属科长（副科长）人选，并对其工作考核评价。

14. 按时完成公司领导交办的其他工作任务。

4. 总工程师岗位职责

总工程师岗位职责

1. 代理项目经理部发布技术信息，处理来自驻地监理工程师方面的技术信息。

2. 负责建立项目标准体系，协调技术工作相关部门职责划分的接口工作，检查各相关部门职责落实情况，定期向项目经理报告项目质安体系运行情况。

3. 主持编制项目施工进度设计，并贯彻施行。

4. 领导质检（质管）、测量、试验、计量工作，审定质检、测量、试验方面的检测成果和试验报告。

5. 负责技术交底。

6. 审定推广新技术、新工艺、新材料、新设备的实施方案。

7. 审定测量部复测定线成果和特殊重要工程部位的施工放样实施方案。

8. 认真执行“预防为主”的方针，组织工程质量、安全事故的调查与处理。

9. 组织工程质量、安全检查工作。

10. 组织技术质量、安全总结和交流。

5. 技术负责人岗位职责

技术负责人岗位职责

1. 负责工程技术及质量控制，及时编制工程材料计划并做好技术交底。

2. 贯彻执行国家和企业颁发的各种技术规范、规程、质量管理制度及技术措施等，并在施工中严格督促实施。

3. 做好施工组织设计和进度计划的编制，搞好工程测量和复核工作。

4. 严格把好材料试验关，按时记录施工日志，做好内部资料管理，精心编制竣工资料。

5. 贯彻执行公司质量体系文件和工程项目质量计划，组织开展技术攻关活动，推广应用新技术、新工艺、新材料。

6. 协助项目部其他部门搞好有关配合工作。

7. 每天做好工作日报。

6. 工程负责人岗位职责

工程负责人岗位职责

1. 在项目技术经理领导下负责项目工程的生产指挥及施工管理，认真贯彻执行有关施工安全生产、物资供应的各项标准和规定，科学组织网络计划。

2. 主持制订年、季、月生产计划和施工项目进度计划。

3. 参加综合检查和专项施工检查，做好检查日志记录。

4. 参与编制和审核施工组织设计和施工方案及图纸会审，认真落实技术措施和技术方案。

5. 经常组织对施工现场的各项安全工作的检查，认真贯彻执行安全生产技术标准和管理标准。

6. 参加调查处理重大安全质量事故。

7. 参加生产调度会等有关会议，做好会议记录。

8. 组织落实各分包单位的各项管理责任制。

9. 做好各类物资的进场使用、供应、调配与管理，执行各项物资消耗定额。

10. 组织分部、分项工程施工技术交底，审查、指导工长做好技术、质量交底记录并在施工中检查落实，对本项目工程技术资料整理及时、齐全、正确负责。

11. 做好现场文明施工记录。

12. 参加现场生产协调会。

13. 业主、监理信息收集。

14. 进行工程评审。

7. 安全负责人岗位职责

安全负责人岗位职责

1. 熟悉各种安全技术措施、规章制度、标准、规定。

2. 主持管理安全防护保证体系、文明施工保证体系、消防保证体系。

3. 对施工现场进行全方位监督检查，纠正不安全行为和改善不安全环境。

4. 坚决制止违章指挥和违章作业。

5. 做好安全达标和文明安全管理。

6. 参加每周一次文明安全综合值班检查和不定期安全检查，做好检查日志记录。

7. 坚持原则，做好系统安全职责范围内的工作。

8. 做好安全生产中规定资料的记录、收集、整理和保管。

9. 加强分包单位管理。

10. 按职权范围和标准对违反安全操作规程和违章指挥人员进行处罚。

11. 贯彻执行国家及省市有关消防保卫的法规、规定，组织制定和审查施工现场的保卫、消防方案和措施。

12. 收集安全技术交底、安全活动记录，检查原始记录及班组日志。

13. 每天用日检表反映安全问题。

14. 验收安全设施及机械安全装置。

15. 参加现场生产协调会，在会上报告安全情况和文明施工情况。

16. 真实填写安全管理工作日报。

8. 质量负责人岗位职责

质量负责人岗位职责

1. 负责质量体系的建立、实施和维持。

2. 负责质量方针、目标、手册、程序的宣传贯彻。

3. 负责质量体系审核年度计划的制订并组织内审。

4. 协助总经理进行管理评审。

5. 熟悉各种质量检查技术标准、规章制度、规范、规定。

6. 参加值班经理组织的每周一次文明施工综合检查和不定期质量检查。

7. 严格贯彻执行工程施工及验收规范、工程质量检验评定标准、质量管理制度。

8. 掌握和督促检查质量责任制在各分包单位的落实情况。

9. 参加每周综合检查。

10. 组织质检人员学习和贯彻执行质量管理目标、规程、标准和上级质量管理制度。

11. 按规定和标准健全质量台账，评定单位工程质量，向技术经理提供质量动态管理情况。

12. 参加新工艺、新技术、新材料、新设备的质量鉴定。参加质量事故调查，对发生质量事故的人员进行处理。

13. 按工程技术资料管理标准收集、汇总有关原始资料、质量验评资料。

14. 参加现场生产协调会，报告施工质量动态情况和文明施工情况。

15. 真实填写每日质量工作日报。

9. 机电设备负责人岗位职责

机电设备负责人岗位职责

1. 认真贯彻执行国家和上级有关机械管理的方针、政策和法规，主持制定本单位机械管理实施细则。

2. 提出单位机械工作方针目标、工作要求并督促实施。掌握机械管理动态，处理机械工作中重大问题，组织领导、督促检查机械工作。

3. 负责审查机械设备的购置、租赁更新改造、维修计划并组织实施。

4. 对机械的安全生产负有领导责任，主持机械事故的调查和处理。

10. 材料负责人岗位职责

材料负责人岗位职责

1. 掌握材料技术知识和材料性能；熟悉各种安全、技术管理措施及有关规章制度、标准、规定。

2. 做好管区内的材料管理达标。

3. 参加综合检查和不定期材料检查，做好检查日志记录。

4. 检查新购进的机械设备基本情况，负责组织经批准的部分材料、工具的供应工作。

5. 参加施工组织设计、施工方案的会审。

6. 负责各项管理制度的贯彻执行，组织人员搞好物资设备的管理。

7. 参与施工组织设计（方案）的编制工作，及时提供供料方法、资源情况、运输条件及现场管理要求，使之合理规划现场。

8. 贯彻上级有关物资统计工作要求，按期报出各种报表。

9. 建立材料质量证明收、发台账。

10. 负责汇总编制主要材料一次性用料计划、构配件加工订货计划、市场采购计划、周转料具租用计划及材料节约计划等。

11. 按期完成各种物资统计报表并实行限额领料制度。

12. 现场巡视机械设备及材料使用情况是否符合标准规定，建立、健全现场料具管理责任制及落实措施。

13. 掌握工程进度与材料核算情况，搞好材料定额管理。

14. 做好各种资料的保管，严把收料关，坚持三验制度。

15. 填写工作日报。

16. 编制主要物资采购方案。

17. 对主要材料招标投标。

18. 审批施工项目部机械进场计划。

19. 编制外租机械设备需求计划。

20. 督促、监督主要施工设备进场。

11. 财务负责人岗位职责

财务负责人岗位职责

1. 贯彻执行国家有关财务、会计工作的方针、政策、法规、法令及上级各项财务、会计制度、规定。

2. 协助领导签订内外分包施工合同，并严格控制费用标准。

3. 编制固定资金使用计划，编制成本、利润计划，编制分包单位考核指标计划及管理费用控制计划。严格按审批制度及审批程序控制购置计划，严格执行现金管理制度，正确及时办理货币资金业务结算。

4. 贯彻执行财经法规及成本管理标准。

5. 认真执行会计制度。

6. 编制月度工资发放明细表，审核并填制工资方面业务记账凭证。

7. 成本核算审核。

8. 贯彻执行劳动工资政策、法令，执行本企业的规章制度。

9. 负责劳动工资计划、统计的审核和工资奖金的使用、管理。

10. 负责贯彻执行劳动定额。

11. 认真贯彻执行国家劳动保护用品的规定和使用标准，按规定负责审批购置劳动保护用品的经费。

12. 做好主持编制、审批材料计划。

13. 定期检查指导部门内及所属分包财务核算工作。

14. 填写工作日报。

12. 人事负责人岗位职责

人事负责人岗位职责

1. 贯彻执行国家及上级有关人事、劳动方面的法律法规和政策，组织编写和建立健全公司劳动人事管理的各项规章制度。

2. 负责公司员工岗位规范的制定和招聘、录用、调配工作，负责员工的考勤、考核、考绩、奖惩的管理工作。

3. 负责公司和各职能部门、下属企业、项目部的组织机构设置、人员编制和人员配置。

4. 负责工程项目施工劳动用工计划及临时用工计划的审核和劳动力的调配。

5. 负责合同工、临时工、外地用工的录用与辞退工作。

6. 负责项目部工资总额的核定与管理，负责员工工资的计算、统计与发放。

7. 负责员工培训、考核管理。

8. 负责公司员工专业技术资格的初审、报送手续和专业技术职务的考核与聘任工作。

9. 负责员工养老保险、失业保险、医疗保险等工作。

10. 负责公司人事、劳动、工资的综合统计与管理工作。

11. 负责监督审查公司、办事处、直营店的员工考勤和审批员工请假事宜。

13. 消防保卫负责人岗位职责

消防保卫负责人岗位职责

1. 贯彻执行国家有关消防保卫的法规、规定，协助领导做好消防保卫工作。

2. 制订年、季消防保卫工作计划和消防安全管理制度，并对执行情况进行监督检查，参加施工组织设计、方案的审批，提出具体建议并监督实施。

3. 经常对职工进行消防安全教育，会同有关部门对特种作业人员进行消防安全考核。

4. 组织消防安全检查，督促有关部门对火灾隐患进行整改。

5. 负责调查火灾事故的原因，提出处理意见。

6. 负责施工现场的保卫，对新招收人员需进行暂住证等资格审查，并将情况及时通知安全管理部门。

7. 参加新建、改建、扩建工程项目的设计、审查和竣工验收。

14. 环境保护负责人岗位职责

环境保护负责人岗位职责

1. 贯彻执行国家及地方有关环境保护管理法律、法规及各项规章制度，对现场环境保护工作负直接管理责任。

2. 协助项目经理落实施工现场环境保护岗位责任制及环境保护管理制度。

3. 协助项目经理编制施工现场环境保护措施并组织实施。

4. 协助项目经理对现场人员进行环境保护知识的教育。

5. 负责组织对环境保护设施的安装、维修、检查，保证环境保护设施的正常运行。

6. 负责对施工噪声、粉尘的定期检测。

7. 负责施工现场环境保护内业资料的建档和管理工作。

8. 定期对现场污染源设施进行检查。

15. 卫生防疫负责人岗位职责

卫生防疫负责人岗位职责

1. 贯彻执行有关施工现场卫生法规及管理制度，对本项目施工现场环境卫生管理负直接管理责任。

2. 负责组织管理施工人员学习有关卫生防疫法律、法规、管理制度、措施，并定期组织考核。

3. 负责项目现场卫生防疫各项资料的收集、整理、保存。

4. 负责对卫生防疫监测、预警、报告、控制及卫生教育等工作。

5. 协助项目经理部拟定施工现场卫生防疫管理制度，划分卫生责任区及责任人，并监督实施。

6. 定期检查现场各区域的环境卫生情况，发现问题及时落实整改。

7. 按文明施工资料管理标准，做好环境卫生的各项资料，真实具体，以备查考。

16. 保卫负责人岗位职责

保卫负责人岗位职责

1. 熟悉门卫管理规章制度、标准、规定。

2. 主管门卫、警卫。

3. 做好管区内的安全达标工作和文明安全管理，防止失窃、打架斗殴。

4. 每日检查施工现场是否有不安全的因素存在，做好重点部位的保卫工作。

5. 掌握外地务工人员情况，消灭不安全因素。

6. 对施工现场进行不安全作业的行为监督和制止到位。

17. 测量员岗位职责

测量员岗位职责

1. 熟悉各种计量测量技术、规章制度、标准、规定。

2. 完成统计报表，负责各类网络图绘制，负责计量器具的送检。

3. 做好管区内的测量达标工作和文明安全管理。

4. 做好工地的各项测量工作。

5. 做好测量结果的整理，做好测量图的绘制，做好测量资料汇总、整理、递交、保管，各个数据资料必须准确无误。

6. 督促各计量部门做好计量原始记录和各种台账记录。

7. 制订计量工作规划及年度、季度、月份计量工作计划和措施。

8. 做好测量仪器设备的校正及测量仪器设备、工具、器材的保养、维护、修理、保管工作。

9. 按期督促进行沉降观测、构筑物的垂直偏差等观测。

10. 负责测量器具的报废和购买等工作的申报。

11. 确定项目测量仪器、设备的配置。

12. 检查督促测量工作。

13. 制定测量设备管理办法，执行公司规定。

14. 配合业主、监理测量检查。
15. 检查仪器的标定、标志，制定操作规程。

18. 试验员岗位职责

试验员岗位职责

1. 熟悉主要建筑材料试件取样方法。
2. 主管试样、试件取样，试验资料齐全有效。
3. 做到取样方法正确、试件可靠，原始记录真实准确。
4. 做好各项试验的试件、试样及有关的原始资料、台账、报表等的整理、汇总、上报，做到真实、完整、可靠。
5. 检查搅拌台混凝土、砂、石、水计量准确无误。
6. 按时收集、整理、填报月、季、年试验统计报表和有关资料。

19. 施工工长岗位职责

施工工长岗位职责

1. 熟练掌握施工管理、安全文明施工、质量、技术规范规程及项目管理条例和各项法律法规。
2. 做好管区内的安全达标和文明安全管理，坚决制止违章指挥和违章作业。
3. 全面负责工地生产施工的组织和指挥工作。
4. 编制日施工作业计划，做好在施工程的劳动力、材料、机具、设备的计划。
5. 按施工组织设计、工序作业指导书、技术洽商、修改方案组织施工。
6. 按技术标准、管理标准严格管理在施工程的质量和安全。
7. 组织班组、分包单位学习各项规章制度。

8. 发生工伤事故及时上报，保护现场。
9. 认真详细填写施工日记。
10. 做好管区内的综合管理。

20. 质检员岗位职责

质检员岗位职责

1. 制止违章指挥和违章作业。
2. 做好管区内的质量达标工作和质量管理。
3. 对单位工程或承担的分部工程施工质量负直接责任。
4. 协助参加质量检查，同时做好记录。
5. 做好质量检查台账，记录遵章守纪及未遂事故调查情况。
6. 收集质量程序交底或质量活动记录。
7. 参加分部、分项工程的质量等级核定及隐蔽工程的核查验收。

21. 安全员岗位职责

安全员岗位职责

1. 做好安全生产中规定资料的记录、收集、整理和保管。

2. 协助项目经理建立安全生产保证体系、安全防护保证体系、机械安全保证体系。

3. 肩负管理和检查监督两个职能，宣传和执行国家及上级主管部门有关安全生产、劳动保护的法规和规定，协助领导做好安全生产管理工作。

4. 纠正一切违章指挥、违章作业的行为和不安全状态。

5. 按职权范围和标准对违反安全操作规程和违章指挥人员进行处罚，对安全工作作出成绩的提出奖励意见。

6. 协助参加项目安全值班检查，同时做好记录。

7. 做好安全台账，记录遵章守纪及未遂事故调查情况，收集安全技术交底或安全活动记录，验收安全设施及机械安全装置。

8. 参加现场生产协调会，报告安全情况，参加班组安全活动，检查班组日志。

9. 做好现场文明施工记录。

22. 预算员岗位职责

预算员岗位职责

1. 负责贯彻党的方针、政策和国家的法律、法规，以及上级的有关要求。

2. 在项目经理的领导下，全面负责施工项目的工程预（结）算工作，及时办理和完成预（结）算工作，对项目经理负责。

3. 参加图纸会审、设计交底及预（结）算审查会议，根据有关文件规定，配合解决预（结）算中的问题。

4. 认真贯彻执行公司施工图预（结）算及招标投标报价工作管理办法。

5. 参加领导安排的招标投标会议。认真做好预（结）算会审纪要，对预（结）算中的定额换算、取费标准、材料价差进行复核，发现问题及时反映，做到预（结）算工作的及时性和准确性，对所做的工作负责。

6. 对施工过程中因设计变更产生的工程量（预算未包括和未包干的）要及时准确的掌握，为工程提供结算调整资料。

7. 对在预（结）算工作中发现的有关施工图纸的问题，应及时向技术负责人反映。

8. 加强业务和专业知识的学习，不断提高业务技能，熟悉和掌握微机的使用，提高实际的工作效率。

9. 负责对市场进行调研、收集与产品有关的信息；负责了解顾客对产品的要求，并进行记录，传递给部门领导，组织产品要求评审。

10. 负责完成本部门的节能降耗、环境卫生、废弃物处置、职业健康安全的管理。

11. 负责本职工作范围内的信息沟通和持续改进。
12. 负责完成实现本部门一体化管理目标和指标。
13. 协助配合项目其他部门（单位）的工作，完成领导交办的其他工作。

23. 合同员岗位职责

合同员岗位职责

1. 拟订项目总体分包方案。
2. 审核项目承包合同，进行标后预算。
3. 协助合同副经理对主要技术人员进行合同文件交底。
4. 确定项目各项分包单价，对分包单位进行资质审查。
5. 拟订分包协议，并及时签订分包合同。
6. 对分包单位及时进行综合评估。
7. 协助对分包工程的项目招标。

24. 材料采购员岗位职责

材料采购员岗位职责

1. 熟悉各种材料技术性能、规章制度、标准、规定。

2. 现场材料员对工地现场材料的性价比负有直接责任。

3. 认真学习和了解现场使用材料的性能、质量要求及 ISO9000 相应的程序文件和作业指导书，以指导日常的业务工作。

4. 熟悉建筑工程施工图、网络计划、预算定额，掌握有关文件和规定，编制出单位工程材料计划。

5. 对送达工地（库房）的材料进行入库前检验。

6. 组织编制年、季、月供应计划。

7. 按计划组织好周转工具等材料的租赁，按期完成各种物资统计报表，按期完成各种限额领料资料汇总、统计、核算。

8. 严格贯彻执行材料管理制度和标准。

9. 收集物资材料市场信息动态资料。

10. 依据施工单位及各部门所需材料计划单，填写材料计划表。

11. 通知供应商按材料计划表供应材料。

12. 做好各种资料的保管、使用及材料计划的发放、回收登记，整理存档及时到位。

13. 发现不合格材料或材料被盗等意外情况，应及时上报有关人员，不得延误或隐瞒。

25. 财会员岗位职责

财会员岗位职责

1. 熟悉掌握有关财会方面的规定，严格财会制度。

2. 协助项目经理做好财务核算工作。

3. 根据工程进度每月审核内外各类成本费用开支的合理性、合法性并填制记账凭证。

4. 正确熟练掌握材料价格，根据验收单审核发票是否合法合规。

5. 负责成本费用转账工作。根据工程进度每月一次定期成本分析。

6. 编制固定资产、临时设施及有关会计报表。

7. 编制月度工资发放明细表。

8. 复核全部记账凭证。

9. 审核、整理有关部门报送的成本核算资料。

10. 进行采购成本核算与分析。

11. 对转账凭证进行账务处理。

12. 合同部开具的各施工队工程结算单的账务处理。

13. 及时处理与公司及其他项目的往来对账单。

14. 定期对材料进行账务处理。

15. 定期与劳资部门核对工资、计提情况。
16. 定期进行费用的摊销、计提、分配。
17. 定期对上缴公司的各项费用进行列账处理。
18. 定期编制财务会计报表、项目月份快报、往来款项统计表。
19. 对财务收、发文，收到的合同进行编号登记。
20. 对会计凭证进行装订并做好会计信息的保密工作。

26. 统计员岗位职责

统计员岗位职责

1. 贯彻执行《统计法》及其实施细则，严格按照建筑业统计制度及上级主管部门的要求，及时、准确、全面地完成各种统计报表及各种统计调查任务到位。
2. 熟悉各种技术措施、规章制度、标准、规定。
3. 协助参加项目值班检查，同时做好记录。
4. 按网络计划组织施工，及时、准确、全面地完成各种统计报表。
5. 做好调度，满足生产和生活需要。
6. 建立健全各种统计台账。
7. 编制年、季、月生产计划。

27. 办公室主任岗位职责

办公室主任岗位职责

1. 负责办公室对内、对外发函、申请、通知等文件的起草。
2. 根据工作需要，起草项目部文件。
3. 编制招待办公资金使用计划。

4. 核定项目部各职能部门接待用品计划与标准。
5. 对项目部隶属单位的行政办公设施、设备登记造册。
6. 督促职能部门提供工程信息。
7. 督促有关部门及时完成公司各项工作，并将监督情况及时反馈给领导。
8. 完成领导交办的其他任务。

28. 资料员岗位职责

资料员岗位职责

资料员负责工程项目的资料档案管理、计划、统计管理及内业管理工作。

1. 负责工程项目资料、图纸等档案的收集、管理。

（1）负责工程项目的所有图纸的接收、清点、登记、发放、归档、管理工作：在收到工程图纸并进行登记以后，按规定向有关单位和人员签发，由收件方签字确认。负责收存全部工程项目图纸，且每一项目应收存不少于两套正式图纸，其中至少一套图纸有设计单位图纸专用章。竣工图采用散装方式折叠，按资料目录的顺序，对建筑平面图、立面图、剖面图、建筑详图、结构施工图等建筑工程图纸进行分类管理。

（2）收集整理施工过程中所有技术变更、洽商记录、会议纪要等资料并归档：负责对每日收到的管理文件、技术文件进行分类、登录、归档。负责项目文件资料的登记、受控、分办、催办、签收、用印、传递、立卷、归档和销毁等工作。负责做好各类资料积累、整理、处理、保管和归档立卷等工作，注意保密的原则。来往文件资料收发应及时登记台账，视文件资料的内容和性质准确及时递交项目经理批阅，并及时送有关部门办理。确保设计变更、洽商的完整性，要求各方严格执行接收手续，所接收到的设计变更、洽商，须经各方签字确认，并加盖公章。设计变更（包括图纸会审纪要）原件存档。所收存的技术资料须为原件，无法取得原件的，详细背书，并加盖公章。做好信息收集、汇编工作，确保管理目标的全面实现。

2. 参加分部分项工程的验收工作

（1）负责备案资料的填写、会签、整理、报送、归档：负责工程备案管理，实现对竣工验收相关指标（包括质量资料审查记录、单位工程综合验收记录）作备案处理。对桩基工程、基础工程、主体工程、结构工程备案资料核查。严格遵守资料整编要求，符合分类方案、编码规则，资料份数应满足资料存档的需要。

（2）监督检查施工单位施工资料的编制、管理，做到完整、及时，与工程进度同步：对施工单位形成的管理资料、技术资料、物资资料及验收资料，按施工顺序进行全程督查，保证施工资料的真实性、完整性、有效性。

（3）按时向公司档案室移交：在工程竣工后，负责将文件资料、工程资料立卷移交公司。文件材料移交与归档时，应有“归档文件材料交接表”，交接双方必须根据移交目录清点核对，履行签字手续。移交目录一式二份，双方各持一份。

（4）负责向市城建档案馆的档案移交工作：提请城建档案馆对列入城建档案馆接收范围的工程档案进行预验收，取得《建设工程竣工档案预验收意见》，在竣工验收后将工程档案移交城建档案馆。

（5）指导工程技术人员对施工技术资料（包括设备进场开箱资料）的保管：指导工程技术人员对施工组织设计及施工方案、技术交底记录、图纸会审记录、设计变更通知单、工程洽商记录等技术资料分类保管交资料室。指导工程技术人员对工作活动中形成的，经过办理完毕的，具有保存价值的文件材料；一项基建工程进行鉴定验收时归档的科技文件材料；已竣工验收的工程项目的工程资料分级保管交资料室。

3. 做好负责计划、统计的管理工作

（1）负责对施工部位、产值完成情况的汇总、申报，按月编制施工统计报表：在平时统计资料基础上，编制整个项目当月进度统计报表和其他信息统计资料。编报的统计报表要按现场实际完成情况严格审查核对，不得多报、早报、重报、漏报。

（2）负责与项目有关的各类合同的档案管理：负责对签订完成的合同进行收编归档，并开列编制目录。做好借阅登记，不得擅自抽取、复制、涂改，不得遗失，不得在案卷上随意画线、抽拆。

（3）负责向销售策划提供工程主要形象进度信息：向各专业工程师了解工程进度、随时关注工程进展情况，为销售策划提供确实、可靠的工程信息。

4. 负责工程项目的内业管理工作

（1）协助项目经理做好对外协调、接待工作：协助项目经理对内协调公司、部门间，对外协调施工单位间的工作。做好与有关部门及外来人员的联络接待工作，树立企业形象。

（2）负责工程项目的内业管理工作：汇总各种内业资料，及时准确统计、登记台账，报表按要求上报。通过实时跟踪、反馈监督、信息查询、经验积累等多种方式，保证汇总的内业资料反映施工过程中的各种状态和责任，能够真实地再现施工时的情况，从而找到施工过程中的问题所在。对产生的资料进行及时的收集和整理，确保工程项目的顺利进行。有效地利用内业资料记录、参考、积累，为企业发挥它们的潜在作用。

（3）工程项目的后勤保障工作：负责做好文件收发、归档工作。负责部门成员考勤管理和日常行政管理等经费报销工作。负责对竣工工程档案整理、归档、保管，便于有关部门查阅调用。负责公司文字及有关表格等打印。保管工程印章，对工程盖章登记，并留存备案。

5. 完成工程部经理交办的其他任务。

29. 仓库管理员岗位职责

仓库管理员岗位职责

1. 及时、准确维护库存管理系统，确保仓库物品的账、卡、物三者一致，仓库区域划分明确，物料标识清楚，存卡记录连续，字迹清晰。

2. 负责搞好仓库内部材料、设备及小工具的发放工作，做好登记、签字手续。

3. 工程需要的材料库存不足时，应提早备足，不影响正常施工。

4. 仓库内外应保持整洁，货物堆放整齐，货架堆放的物品应挂牌明示，以便迅速无误地发放。

5. 负责仓库整体日常工作事务。

6. 严禁非仓库管理人员入内，严禁烟火。

7. 不得私自离岗。有事外出，应委托他人临时看守。

8. 做好外场砂石料的收、管工作，签好每一张单据，严格把关砂石料的计量及质量。

9. 定期检查仓库消防器材的完好情况，在规定的禁火区域内严格执行动火审批手续。

10. 按时上下班，到岗后巡视仓库，检查是否有可疑现象，发现情况及时向上级汇报，下班时应检查门 窗是否锁好，所有开关是否关好。

30. 现场施工员岗位责任制

现场施工员岗位责任制

1. 在技术负责人的领导下，按现场管理规定和施工组织设计的内容，负责所施工的工程或工种满足施工技术要求。

2. 组织实施安全技术措施，进行安全技术交底。

3. 按时并如实完成每日施工计划。

4. 严格按国家规范、规程、验评标准及施工图，组织施工和验收。

5. 认真做好“三检”和隐蔽验收等签证及记录。

6. 参加每周生产例会，并根据会议有关决议，督促检查各项目部施工现场管理的有关情况。

7. 负责对原材料、半成品送检及验收。

8. 对违规、违章操作班组和个人有处理权。

9. 对本岗位工作有组织指挥权，并对班组个人有奖惩权。

31. 劳资定额员岗位责任制

劳资定额员岗位责任制

1. 负责执行国家劳动定额及地区和企业的补充（修订）定额、工资政策、奖励、津贴政策及上级相关制度。

2. 负责执行全额计件工资制度及工资、奖励、津贴的管理与发放。负责项目部各类作业人员的调配与调剂和职工休假、调动手续的办理工作。

3. 负责施工任务书的审核、验收、结算工作。

4. 负责施工过程中的定额缺项、现场估工水平的确定，依据施工任务书、考勤表及文明工地考核要求，编制项目部各类人员工资发放单。

5. 经常深入施工现场参与施工任务书工程量的验收，参加经济活动分析会议，总结人工费盈亏原因，并提出改进措施。

6. 负责培训班组定额员，定期召开会议，总结经验，分析解决存在的问题。
7. 严格按贯标要求进行相关工作。
8. 负责按期上报有关报表，建立健全有关台账。

32. 后勤服务人员岗位责任制

后勤服务人员岗位责任制

1. 服从领导分配，努力完成任务，遵守劳动纪律，按时上下班。
2. 负责办公用品的采购、维修、供应管理。
3. 组织炊事员学习，领导食堂工作，保证按时、保质、保量供应员工膳食。
4. 负责施工队伍的住房安排，水、电、床等的使用管理。
5. 负责生活区、办公区的环境管理。
6. 负责项目的安全保卫工作、消防器材的采购管理工作、办公区和生活区的安全防火工作。
7. 负责施工队伍人员登记、暂住证的催办工作。
8. 负责食堂卫生许可证的办理工作。
9. 按照“工服洗涤管理规定”，定时办理工服洗涤事宜。
10. 遵照有关规定执行门前三包、员工浴室、值班室、厕所、楼道等公共环境卫生的管理工作。
11. 负责公司内部的公共场所和各处室的公共设施维修管理。
12. 根据有关规定配备办公桌椅、文具柜，做好低值易耗品的登记管理工作。
13. 按标准定期发放劳保用品。
14. 办理各类人员工服制装事宜。

5.3.2　职能机构责任制

1. 技术部责任制

技术部责任制

1. 贯彻落实国家和上级政府部门有关建设技术质量方面的法律法规、方针政策和标准、规范。

2. 参与工程投标项目施工策划工作，编制项目施工技术措施。

3. 主持项目开工前的图纸会审和技术交底，向项目部及有关部门提交项目工程所使用的标准、规范、规程及图纸资料。

4. 主持审核项目工程施工组织设计和施工方案，进行技术交底。

5. 主持技术部例会，制订技术部各项工作计划。

6. 负责或协助项目部处理项目施工进程中客户提出的设计变更和洽商，做好重大设计变更、工程洽商的审批工作。

7. 负责项目施工过程的技术监督、检查与考核，协调工序矛盾，参与工程质量评定、验收工作。

8. 指导和协助项目技术负责人组织技术交底和工程档案的编制等，负责技术档案及竣工资料的审核。

9. 负责公司新技术、新工艺、新材料、新设备的推广应用工作。

10. 组织技术培训。

11. 向部门内人员布置工作任务。

12. 正确传达上级指示。

2. 质量部责任制

质量部责任制

1. 认真贯彻执行国家关于产品质量方面的法律、法规和政策。

2. 组织编制项目质量方针、目标和年度质量管理计划，落实质量责任制。

3. 参与工程投标，主持施工组织设计中有关质量保证措施的制定。

4. 参与项目工程技术交底。审核施工组织设计中的质量保证措施内容和项目部质量管理规章制度的建立情况。

5. 负责施工质量程序管理工作和工程现场施工质量监督检查。参与或组织分部工程、单位工程的质量验收评定工作。控制、监督质量记录，保证质量体系运行。

6. 协助工程项目部整理工程技术档案，参与工程质量验收、交付工作。协调工程保修期与客户的关系。

7. 参与组织物资分供方、工程分承包商的质量保证能力评定工作，对采购入库、进场的工程材料等进行质量验证抽查和考核。

8. 组织质量事故的调查、分析和处理。

3. 安全部责任制

安全部责任制

1. 组织贯彻落实国家安全生产、环境管理方针政策、法规以及安全施工操作规程，组织制定公司安全生产、环境保护、劳动保护管理制度。

2. 组织制定和贯彻安全操作规程，并对现场施工进行安全监督检查。

3. 参与施工组织设计中安全、环境保护方面保证措施的审核和安全技术交底工作。

4. 负责公司消防安全管理。加强防火重点部位消防设施的配备和巡查，采取措施，消除隐患，防止火灾事故的发生。

5. 协助人事部门组织对特殊工种、新工人的安全教育和安全技术操作培训。

6. 实施工程施工环境管理的检查、检测、控制、评定工作。

7. 劳动保护用品计划的制订与审批发放。

8. 组织安全、环境保护统计分析，制订措施计划并予落实。

9. 组织工伤安全事故的调查分析，并提出处理意见。

4. 材料部责任制

材料部责任制

1. 建立健全材料供、管、用规章制度。

2. 掌握工程进度及用料情况，每月严格做好材料计划，保证材料供应及时准确。

3. 编制并实施材料使用计划，监控现场各种材料使用情况，维修保养机械、工具等。

4. 负责材料和设备的购置、运输、租赁。

5. 负责现场料具收发、保管工作。

6. 搞好材料定额管理工作，建立健全各单位工程台账及限额领料手续。

5. 财务部责任制

财务部责任制

1. 遵守国家有关法规，准则，依法进行会计处理和各项税务事宜处理。

2. 参与制定公司内部财务管理制度，严格财务和资金审批制度，按公司规定审核凭证。

3. 监督业务收入和其他各项收入，加强债权债务管理，公司内部资金往来及时对账。

4. 加强现金银行管理，票据跟踪，严格控制签发空白支票，保管好银行印签章。

5. 加强对成本费用预测、控制，做好财务状况分析。

6. 财务软件升级、财务档案管理。

7. 委派项目部的财务人员，加强财务人员业务培训，提高专业业务素质。

8. 配合外部审计检查、资产评估等工作，组织公司内部检查工作。

9. 与税务所、各银行及其他有关部门处理好业务关系。

10. 完成领导交办的其他工作。

6. 工程部责任制

工程部责任制

1. 负责组织贯彻技术方面的政策、法规及标准，建立和完善技术管理体系、制定技术管理的工作规章制度，并监督实施。

2. 负责审查开发项目的重大技术方案，制定或组织审定新技术、新工艺、新材料应用方案。

3. 负责施工图纸会审，参加开发项目图纸交底、竣工图的审定工作。

4. 负责落实施工生产计划，完成工程量统计，负责实施施工现场各阶段平面布置、生产计划、劳动力的日常管理。

5. 组织项目工程开工前的图纸会审、技术交底。组织上报《施工组织设计》的审批工作。

6. 做好分包队伍的考察、选择与管理工作，确保分区工程目标。

7. 负责协调处理项目开工前期准备工作。包括场地“三通一平”、临建设施、用电用水和开工证办理等工作。

8. 组织制定工程项目各项管理制度，协调相关部门进行工程施工因素的日常监督、考核、管理服务工作。

9. 主持或协助项目部办理工程竣工验收与交付（交接）工作，协调处理好工程保修事宜。

7. 办公室责任制

办公室责任制

1. 协助总经理组织筹备企业活动和会务工作，了解和掌握公司内各项工作的动态，监督各部门认真及时地贯彻公司各项决策和指令。

2. 负责外来文件的收取、传递、督办和归档。

3. 负责公司的对外接待工作。

4. 负责编写各部门日常工作情况的反映简报，提供领导参阅。

5. 负责公司向上级的请示、报告等文件的起草、核稿、印制、送达。

6. 负责上级机关及领导交办事项的检查、催办，承办领导交办的其他工作。
7. 负责对公司印鉴和介绍信的使用和管理。
8. 负责领导用车、公务用车的管理。
9. 负责内部通信系统、通信工具的管理。

5.3.3　安全责任制度牌

一 、各职能部门安全责任制

1. 项目经理部安全生产职责

项目经理部安全生产职责

1. 项目经理部是安全生产工作的载体，具体组织和实施项目安全生产、文明施工、环境保护工作，对本项目工程的安全生产负全面责任。

2. 认真贯彻执行国家安全生产的方针、政策、法律法规。

3. 建立并完善项目部安全生产责任制和安全考核评价体系，积极开展各项安全活动，监督、控制分包队伍执行安全规定，履行安全职责。

4. 组织和实施项目安全生产、环境保护工作，对本项目工程的安全生产负全面责任。

5. 发生伤亡事故及时上报，并保护好事故现场，积极抢救伤员，认真配合事故调查组开展伤亡事故的调查和分析，按照“四不放过”原则，落实整改防范措施。对责任人员进行处理。

2. 安全部安全责任制

安全部安全责任制

1. 协助领导组织和推动本公司安全生产工作，贯彻执行国家有关劳动保护方针政策和规章制度。

2. 组织公司有关部门研究制定预防事故的措施，汇总、审查安全措施计划，督促有关部门按期实施。

3. 组织和协助有关部门制定或修订安全生产制度和安全技术规程，并对制度、规程的贯彻进行监督检查。

4. 参加审查施工组织设计或施工方案，编制安全技术措施计划并督促检查、贯彻执行情况。

5. 与有关部门做好新工人、特殊工种的安全技术培训、考核、发证工作和安全生产宣传教育工作，总结推广安全生产工作先进经验。

6. 组织安全活动和安全检查，协助各级领导解决安全生产问题，指导下级安全人员的工作、安全生产情况，调查研究生产中的不安全问题，提出改进意见和措施。

7. 制止违章指挥和违章作业，遇有严重险情，有权暂停生产。

8. 督促有关部门按规定，合理发放防护用品，做好劳逸结合和女工保护工作。

9. 参加伤亡事故的调查处理，进行伤亡事故的统计、分析、报告，协助有关部门提出防止事故的措施并督促按期实施。

10. 对违反安全生产条例和有关安全技术劳动法规的行为，经说服劝阻无效，有权越级报告。

3. 工程管理部安全责任制

工程管理部安全责任制

1. 在编制项目总工期控制进度计划，年、季、月计划时，必须树立“安全第一”的思想，综合平衡各生产要素，保证工程安全与生产任务协调一致。

2. 贯彻执行国家有关安全生产的法律、法规和规范，执行公司各项安全规章制度和技术规程；负责组织编制符合安全生产的专业技术标准，督促、指导各单位专业技术体系建设。

3. 对于改善劳动条件、预防伤亡事故项目，要视同生产项目优先安排；对于施工中重要的安全防护设施、设备的施工要纳入正式工序，予以时间保证。

4. 在检查生产计划实施情况的同时，检查安全措施项目的执行情况。

5. 负责编制项目文明施工计划，并组织具体实施。

6. 负责现场环境保护工作的具体组织和落实。

7. 负责项目大、中、小型机械设备的日常维护、保养和安全管理。

8. 参与直属工程项目方案制定、投标、开工验收，指导、监督工程项目关键技术的实施工作。

4. 技术部安全责任制

技术部安全责任制

1. 负责编制项目施工组织设计中安全技术措施方案，编制特殊、专项安全技术方案。

2. 参加项目安全设备、设施的安全验收，从安全技术角度进行把关。

3. 检查施工组织设计和施工方案实施情况的同时，检查安全技术措施的实施情况，对施工中涉及的安全技术问题，提出解决办法。

4. 对项目使用的新技术、新工艺、新材料、新设备，制定相应的安全技术措施和安全操作规程，并负责工人的安全技术教育。

5. 物资部安全责任制

物资部安全责任制

1. 重要劳动防护用品的采购和使用必须符合国家标准和有关规定，执行本系统重要劳动防护用品定点使用管理规定。同时会同项目安全部门进行验收。

2. 加强对在用机具和防护用品的管理，对自有的机具和防护用品定期进行检验、鉴定，对不合格品及时报废、更新，确保使用安全。

3. 负责施工现场材料堆放和物品储运的安全。

6. 机械设备部安全责任制

机械设备部安全责任制

1. 负责改进各种机器设备的安全装置设计，并通知安全技术部门提出意见。

2. 在总经理的领导下，对公司机械设备的安装、调试和试运行的安全负责。

3. 认真执行“安全第一，预防为主”的方针，在抓好设备安装和调试的同时，坚持做到安全防范措施与设备安装两个指标同时抓。

4. 迁移或改装机械设备，应将原有的安全防护装置照原样装好。机械大修时，应将缺少的安全防护装置配齐。

5. 定期检修各种设备，特别是危险性较大的设备，使之保持良好的安全状态。

6. 安装、改装、拆装动力设备、垂直运输设备，应采取必要的安全措施。

7. 经常检查动力机械、垂直运输设备及其他电气设备，使之符合安全要求。

8. 保证施工现场机械设备及各种电气设备正常运转。

9. 制定所辖范围内的各工种安全生产操作规程和各种设备的维修保养制度。

10. 对操作人员进行安全技术教育和安全操作培训考核。

11. 负责解决设备安装及调试和试运行中的重大安全技术问题，推广先进安全技术，提高本部门的安全技术管理水平。

7. 财务部安全责任制

财务部安全责任制

1. 学习贯彻《会计法》，执行党和国家有关安全生产的方针、政策、指令和法规。

2. 把安全生产列入重要议事日程，协助行政部门做好安全经费提留和使用。

3. 按照规定提供安全技术措施的经费，保证专款专用，并监督其合理使用。

4. 认真管理好安全经费。建立安全经费的独立账页，掌握好安全经费的使用。给购置劳动保护用品和安全设备提供资金方便。

5. 做好工伤事故处理的后勤工作。

6. 建好安全奖罚收支账目。

7. 由管理费用中开支安全宣传、教育所需费用。

8. 合约部安全责任制

合约部安全责任制

1. 认真贯彻执行国家有关安全生产的方针政策、法令法规和上级各项安全管理的规章制度。

2. 学习掌握合同技术规范，熟悉并审查图纸和有关技术资料。

3. 草拟有关设计变更的报批文件，参加项目组织的工程质量、安全检查活动。

4. 负责按照合同要求，及时办理工程计量结算；办理工程变更和费用补偿的各种申报手续，办理新增项目的单价报批工作；负责及时办理工程变更和费用索赔及保险索赔工作。

5. 深入工地了解情况，协助领导解决技术与质量问题，参与隐蔽工程的检查，上报工程报表，编制施工影视资料。

6. 及时收集并分类整理施工原始记录和有关竣工技术文件及科技资料，负责编制竣工资料并参与竣工验收。

7. 根据总公司下达的标后预算，编制项目目标成本，并将目标成本按工程项目进行分解后下达项目各个环节和有关部门。

8. 按照经济合同法，负责对劳务单位合同的签订和管理工作，制定详尽的管理办法，并执行总公司有关规定，严格规范结算程序，及时建立结算管理台账。

9. 主管项目的合同管理、进度管理及成本管理工作。

10. 负责本项目在合同履行过程中合同内容变更的确定与合同评审工作，并建立工程实施过程中的评审记录台账。

11. 负责项目工程劳务分包合同的拟订、劳务费用的结算等工作。

9. 办公室安全责任制

办公室安全责任制

1. 负责项目全体人员安全教育培训的组织工作。
2. 负责现场CI管理的组织和落实。
3. 负责项目安全责任目标的考核。
4. 负责现场文明施工与各相关方的沟通。

二、各级管理人员安全责任制

1. 法人代表安全责任制

法人代表安全责任制

1. 认真贯彻执行国家和地方有关安全生产的方针政策和法规、规范，掌握本企业安全生产动态，定期研究安全工作，对本企业安全生产负全面领导责任。

2. 建立健全安全生产的保证体系，保证安全技术措施经费的落实。

3. 领导编制和实施本企业中、长期整体规划及年度、特殊时期安全工作实施计划。建立健全和完善本企业的各项安全生产管理制度及奖惩办法。

4. 领导并支持安全管理人员或部门的监督检查工作。

5. 在事故调查组的指导下，领导、组织本企业有关部门或人员，做好特大、重大伤亡事故调查处理工作，监督防范措施的制定和落实，预防类似事故再次发生。

2. 安全生产负责人安全责任制

安全生产负责人安全责任制

1. 认真贯彻执行各项安全生产法律、法规和安全标准及有关规定。

2. 组织实施本企业中长期、年度、特殊时期安全工作规划、目标及实施计划，组织落实安全生产责任制。

3. 参与编制和审核施工组织设计、特殊复杂工程项目或专业性工程项目施工方案。审批本企业工程生产建设项目中的安全技术管理措施，制订施工生产中安全技术措施经费的使用计划。

4. 领导组织本企业的安全生产宣传教育工作，确定安全生产考核指标。领导、组织外包工队长的培训、考核与审查工作。

5. 领导组织本企业定期和不定期的安全生产检查，及时解决施工中的不安全生产问题。

6. 认真听取、采纳安全生产的合理化建议，保证本企业安全生产保障体系的正常运转。

7. 在事故调查组的指导下，组织特大、重大伤亡事故的调查、分析及处理中的具体工作。

3. 总经济师的安全责任制

总经济师的安全责任制

1. 总经济师是公司的经济负责人，协助公司总经理落实“安全第一，预防为主”方针，从资金筹措、财务管理方面处理好安全与效益的关系，落实安全措施费用，保证安全生产工作的顺利进行。

2. 参加全公司重大安全技术措施、更改工程项目的审定工作，负责提出资金费用的落实方案或建议。

3. 教育有关部门的人员加强安全责任感，指导他们在保人身、保安全、求效益方面做好工作。

4. 根据总经理的安排和工作需要，参加或主持安全经济分析活动，参加省、市公司组织的有关安全活动和事故调查的有关工作。

5. 建立保险与安全生产相结合的机制，指导有关部门及时做好人身保险及工伤抚恤工作；充分发挥安监部门在保险中的作用，做好事故损失的索赔工作，确保职工保险返回资金用到安全生产方面。

4. 总会计师安全责任制

总会计师安全责任制

1. 根据公司的章程，统筹落实安全生产材料、设备、技术经费。

2. 设立专项资金科目，随时调查、监督使用安全经费的情况，杜绝各类占用经费的现象。

3. 按财务制度对审定的经费列入年度预算，确定各类用途的需要并进行统一资金调度。

4. 及时向总经理汇报安全经费使用情况，以利于领导正确决策。

5. 年终进行安全经费使用情况的审计和总结。

5. 项目经理安全责任制

项目经理安全责任制

1. 项目经理是项目部安全生产的第一责任人，对项目工程经营生产全过程中的安全负全面领导责任。

2. 项目经理必须经过专门的安全培训考核，取得项目管理人员安全生产资格证书，方可上岗。

3. 认真贯彻落实各项安全生产规章制度，结合工程项目特点及施工性质，制定有针对性的安全生产管理办法和实施细则，并落实实施。

4. 在组织项目施工、聘用业务人员时，要根据工程特点、施工人数、施工专业等情况，按规定配备一定数量和素质的专职安全员，确定安全管理体系；明确各级人员和分承包方的安全责任和考核指标，并制定考核办法。

5. 健全和完善用工管理手续，录用外协施工队伍必须及时向人事劳务部门、安全部门申报，必须事先审核注册、持证等情况。对新工人进行三级安全教育后，方准入场上岗。

6. 负责施工组织设计、施工方案、安全技术措施的组织落实工作，组织并督促工程项目安全技术交底制度、设施设备验收制度的实施。

7. 领导、组织施工现场每旬一次的定期安全生产检查，发现施工中的不安全问题，组织制定整改措施及时解决；对上级提出的安全生产与管理方面的问题，要在限期内定时、定人、定措施予以解决；接到政府部门安全监察指令书和重大安全隐患通知单，应立即停止施工，组织力量进行整改。隐患消除后，必须报请上级部门验收合格，才能恢复施工。

8. 在工程项目施工中，采用新设备、新技术、新工艺、新材料，必须编制科学的施工方案，配备安全可靠的劳动保护装置和劳动防护用品，否则不准施工。

9. 发生因工伤亡事故时，必须做好事故现场保护与伤员的抢救工作，按规定及时上报，不得隐瞒、虚报和故意拖延不报。积极组织配合事故的调查，认真制定并落实防范措施，吸取事故教训，防止发生重复事故。

6. 项目生产副经理安全责任制

项目生产副经理安全责任制

1. 协助项目经理认真贯彻执行国家安全生产方针、政策、法规，落实各项安全生产管理制度。

2. 组织实施工程项目总体和施工各阶段安全生产工作规划以及各项安全技术措施、方案的实施工作，组织落实工程项目各级人员的安全生产责任制。

3. 组织领导工程项目安全生产的宣传教育工作，并制定工程项目安全培训实施办法，确定安全生产考核指标，制定实施措施和方案并负责组织实施，负责外协施工队伍各类人员的安全教育、培训和考核审查的组织领导工作。

4. 配合工程项目经理组织定期安全生产检查，负责工程项目各种形式的安全生产检查的组织、督促工作和安全生产隐患整改“三落实”的实施工作，及时解决施工中的安全生产问题。

5. 负责工程项目安全生产管理机构的领导工作，认真听取、采纳安全生产的合理化建议，支持安全生产管理人员的业务工作，保证工程项目安全生产保证体系的正常运转。

6. 工地发生伤亡事故时，负责事故现场保护、职工教育、防范措施落实，并协助做好事故调查分析的具体组织工作。

7. 坚决贯彻“五同时”，在计划、布置、检查、总结、表彰生产及行政工作的同时，做好安全生产的计划、布置、检查、总结、表彰工作。要把安全生产列入主要议事日程，在安全与生产进度发生矛盾时，首先要服从安全，以计划安排消除一切不安全因素，并付诸实施。

8. 负责安全设施所需的材料、设备及设施的采购计划的审核及批准，并督促各相关人员做好进场物资的验收工作。

7. 项目安全总监安全责任制

项目安全总监安全责任制

1. 对项目的安全生产负监督检查责任。

2. 宣传贯彻安全生产方针政策、规章制度，推动项目安全组织保证体系的运行。

3. 督促实施施工组织设计安全技术措施；实现安全管理目标；对项目各项安全生产管理制度的贯彻与落实情况进行检查与具体指导。

4. 组织分承包商安全专兼职人员开展安全监督与检查工作。

5. 查处违章指挥、违章操作、违反劳动纪律的行为和人员，对重大事故隐患采取有效的控制措施，必要时可采取局部直至全部停产的非常措施。

6. 督促开展周一安全活动和项目安全讲评活动。

7. 负责办理与发放各级管理人员的安全资格证书和操作人员安全上岗证。

8. 参与安全事故的调查与处理。

8. 技术员安全责任制

技术员安全责任制

1. 督促施工人员严格按照施工工艺进行施工，制止违章作业行为。

2. 贯彻落实国家安全生产方针、政策，严格执行安全技术规程、规范、标准；结合工程特点，进行项目整体安全技术交底。

3. 参加或组织编制施工组织设计，在编制、审查施工方案时，必须制定、审查安全技术措施，保证其可行性和针对性，并认真监督实施情况，发现问题及时解决。

4. 主持制订技术措施计划和季节性施工方案的同时，必须制定相应的安全技术措施并监督执行，及时解决执行中出现的问题。

5. 主持安全防护设施和设备的验收。严格控制不符合标准要求的防护设备、设施投入使用；使用中的设施、设备，要组织定期检查，发现问题及时处理。

6. 应用新材料、新技术、新工艺要及时上报，经批准后方可实施，同时必须组织对上岗人员进行安全技术的培训、教育；认真执行相应的安全技术措施与安全操作工艺要求，预防施工中因化学药品引起的火灾、中毒或在新工艺实施中可能造成的事故。

7. 参加安全生产定期检查，对施工中存在的事故隐患和不安全因素，从技术上提出整改意见和消除办法。

8. 参加或配合工伤及重大未遂事故的调查，从技术上分析事故发生的原因，提出防范措施和整改意见。

9. 安全员安全责任制

安全员安全责任制

1. 贯彻执行国家安全技术、劳动保护法规和企业内有关安全规定。

2. 参与施工组织设计中的安全技术措施的制定及审查。

3. 经常深入现场检查、监督各项安全规定的落实，消除事故隐患，分析安全动态，不断改进安全管理的安全技术措施。

4. 对职工进行安全生产的宣传教育和对特殊工种人员的考核。

5. 正确行使安全否决权，做到奖罚分明，处事公正，同时做好各级职能部门对本工程安全检查的配合工作。

6. 参与企业伤亡事故的调查和处理，及时总结经验，防止类似事故再次发生。

7. 填写安全记录，管理好安全管理资料，按时上报安全统计报表，记好安全日记。

10. 工长、施工员安全责任制

工长、施工员安全责任制

1. 工长、施工员是所管辖区域范围内安全生产的第一责任人，对所管辖范围内的安全生产负直接领导责任。

2. 认真贯彻落实上级有关规定，监督执行安全技术措施及安全操作规程，针对生产任务特点，对班组（外协施工队伍）进行书面安全技术交底，履行签字手续，并对规程、措施、交底要求的执行情况经常检查，随时纠正违章作业。

3. 负责组织落实所管辖施工队伍的三级安全教育、常规安全教育、季节转换及针对施工各阶段特点等进行的各种形式的安全教育，负责组织落实所管辖施工队伍特种作业人员的安全培训工作和持证上岗的管理工作。

4. 经常检查所管辖区域的作业环境、设备和安全防护设施的安全状况，发现问题及时纠正解决，对重点特殊部位施工，必须检查作业人员及各种设备和安全防护设施的技术状况是否符合安全标准，认真做好书面安全技术交底，落实安全技术措施，并监督其执行，做到不违章指挥。

5. 负责组织落实所管辖班组（外协施工队伍）开展各项安全活动，学习安全操作规程，接受上级管理机构或人员的安全监督检查，及时解决其提出的不安全问题。

6. 对工程项目中应用的新材料、新工艺、新技术严格执行申报、审批制度，发现不安全问题，及时停止施工，并上报领导或有关部门。

7. 发生因工伤亡及未遂事故必须停止施工，保护现场，立即上报，对重大事故隐患和重大未遂事故，必须查明事故发生原因，落实整改措施，经上级有关部门验收合格后方准恢复施工，不得擅自撤除现场保护设施强行复工。

11. 质量员安全责任制

质量员安全责任制

1. 遵守国家法令、法规，执行上级有关安全生产规章制度，熟悉安全生产技术措施。

2. 在质量监控的同时，检查安全设施的状况与使用功能和各部位洞边防护状况，发现不佳之处，及时通知安全员，落实整改。

3. 悬空结构的支撑，应考虑安全系数，不准由于支撑质量不佳，引起坍塌，造成安全事故发生。

4. 在施工中，结构安装的预制构件的质量应严格控制与验收，避免因构件不合格造成断裂坍塌，带来安全事故。

5. 在质量监控过程中，发现安全隐患，立即通知安全员或项目经理，同时有权责令暂停施工，待处理好安全隐患后，再行施工。

12. 防火消防员安全责任制

防火消防员安全责任制

1. 遵守国家法令，学习熟悉安全防火法令、法规。宣传执行有关安全防火的规章制度。

2. 经常检查施工现场、宿舍、食堂、仓库等地的安全、防火工作，发现火险隐患，立即采取有效措施整改。

3. 对于各类防火器械的配备布置要求，及时提出合理意见，并按期更换药物和维修保养。

4. 发现火灾隐患，通知立即整改，同时有权暂停施工，待消除火灾隐患，再行施工。

5. 发生火灾，立即会同工地负责人组织指挥灭火，并报火警“119”电话，使损失减少到最低限度。

13. 生产班组长安全责任制

生产班组长安全责任制

1. 班组长是班组生产的直接指挥者，是班组安全生产的第一责任人，对班组的安全生产全面负责。

2. 负责本班组人员的安全教育培训，学习有关的法律法规、政策和安全生产操作规程，指导员工正确使用安全防护设施和劳动保护用品，提高班组人员的安全意识和自我保护意识。

3. 认真执行交接班制度，进行班前班后的安全检查工作，做好班组的自检工作，不违章作业和冒险指挥，有权禁止班组人员的违章作业，自觉接受安全生产管理人员的监督检查。对上级的违章指挥应提出建议，有权拒绝。

4. 开好班组会，总结前一段的工作，布置下一步的任务，提出安全生产应注意的事项和要求。

5. 要经常对使用的设备、防护用品和作业环境进行检查，发现问题及时解决或向上级部门报告。

6. 遇到不安全的异常情况时，应及时检查或者暂时停产进行检查，并向上级部门或分管安全生产负责人报告,待情况查明后,确定无异常时方能进行作业。

7. 发生安全生产事故时，要保护好现场，并立即上报领导。

8. 责任目标：班组人员安全教育率100%，交接班制度执行率100%，安全检查执行率100%，班组安全会议制度执行率100%，杜绝违章指挥和违章作业，确保本班组无安全生产事故发生。

三、重点工种安全责任制

1. 起重工安全责任制

起重工安全责任制

1. 严格遵守安全生产操作规程，执行上级安全规章制度和规范要求。

2. 遵守执行“十不吊”规定要求，不冒险作业和强行操作。

3. 塔式起重机司机和指挥员必须经专门培训部门培训，考试合格后持证上岗，努力提高业务水平和技术水平。

4. 拒绝冒险和违章作业，遇危及安全情况的应拒绝开机，或拉闸关机，并立即汇报上级处理。

5. 经常检查机械运转情况和各保险设施状况，发现隐患，立即整改，严禁带病运转，危及安全生产。

6. 正确使用劳动保护用品，严禁酒后操作，确保安全生产。

2. 电工安全责任制

电工安全责任制

1. 积极参加各种安全生产活动，接受各种安全教育，遵章守纪，不违反劳动纪律，坚守工作岗位，不串岗，不脱岗，不酒后作业，集中精力工作。

2. 认真学习电气安全技术操作规程，做到应知应会。熟知安全知识，按章操作，不违章作业，不冒险蛮干，有权拒绝违章指挥。

3. 坚持每日巡回检查制度。对漏电掉闸装置、电气设备，尤其是移动和手持电动工具、照明灯、拖地电缆线，定时进行安全检查，排除不安全因素，经验收符合安全要求后方可交付使用，并对电气设备进行定期维修保养。

4. 正确使用防护品，做到衣着整齐，穿好绝缘鞋，戴好安全帽，整装上岗，在高空或危险处作业时应系好安全带。

5. 严格执行安全技术方案和安全技术交底，不得任意变更和拆除安全防护设施。

6. 对各级提出的隐患，按要求及时整改。

7. 实施文明施工，不得从高处抛掷物品，剩余电线及时回收，妥善保管，线路架设规范，配电箱、开关箱及时上锁，用电标志明显。

8. 发生事故或未遂事故，立即向班长或其他负责人报告，参加事故分析，吸取事故教训，提出防止事故发生、促进安全生产、改善劳动条件的合理化建议。

3. 架子工安全责任制

架子工安全责任制

1. 严格遵守安全技术规程，拒绝违章指挥，杜绝违章作业。

2. 要积极参加各种安全生产会议，树立“安全第一”的思想，严格遵章守纪，不违反劳动纪律，坚守工作岗位，不串岗，不酒后工作，集中精力进行安全生产。

3. 坚持经常对脚手架、安全网进行检查。

4. 严格执行施工方案和安全技术交底，不得任意变更。

5. 搭设用电线路防护架体时必须停电，严禁带电搭设。

6. 坚决制止私自拆装脚手架和各种防护设施行为。

7. 实行文明施工，不得从高处向地面抛掷钢管及其他料具，对所使用的材料要按规定堆放整齐。

8. 进入施工现场严禁赤脚、穿拖鞋、穿高跟鞋及酒后作业。

9. 要正确使用安全防护用品。

10. 对检查出的安全隐患要按要求及时整改。

11. 发生事故和未遂事故，立即向班组长报告，参加事故原因分析，吸取教训。

4. 电气焊工安全责任制

电气焊工安全责任制

1. 严格遵守安全技术规程，执行上级安全操作规程，提高自身技术业务水平。

2. 严格执行焊工的技术操作规程和安全规程，杜绝一切机电和人身事故的发生。

3. 焊工必须经过劳动局培训，考试合格后持证上岗，不准无证操作。

4. 在施工中，应办理动火批准手续，落实安全防火措施。

5. 正确使用焊工劳动保护用品，在高处作业时做好防坠工作。

6. 发现隐患即作整改，需要停止其他工种施工的，报项目经理协调处理，必要时可责令其他工种停止施工。

5. 井架搭设工安全责任制

井架搭设工安全责任制

1. 严格遵守安全操作规程，执行上级安全部门的规定和制度。

2. 井架搭设工要经劳动局培训考试合格后持证上岗，同时必须经过身体检查，禁止患有高血压、贫血病等不宜高空作业人员上高空作业。

3. 搭设井架，必须按井架搭设技术规范要求进行作业，决不准弄虚作假。

4. 搭设工必须系好安全带，戴好安全帽，扣好帽带，严禁酒后作业和赤脚穿拖鞋上高作业。工作架板保证厚度，铺好扎牢。

5. 搭设时要检查核验井架各部件的质量与规格，不符合要求的不准使用。

6. 发现不符合要求的构件，不管任何人同意使用，架子工应拒绝搭设，并汇报项目经理处理，如项目经理强令使用，可以立即报告公司处理。

7. 拆除井架时，做好中间临时防护，构件严禁从上向下抛掷，要用专用工具吊至地面。

6. 机械操作工安全责任制

机械操作工安全责任制

1. 严格执行安全生产规章制度，拒绝违章指挥，杜绝违章作业。

2. 认真学习和执行机械操作工安全技术操作规程，熟知安全知识。

3. 坚持上班自检制度。

4. 要严格执行安全技术施工方案和安全技术交底，不得任意变更、拆除安全防护设施，并不得动用与班组无关的机械和电气设备，加强自我防护意识。

5. 正确使用安全防护用品。

6. 发现机械安全隐患，汇报负责人要求整改，但未得到及时整改或置之不理的，机械操作工应停止操作，拉闸关机，汇报上级部门处理。

7. 人货两用电梯操作员安全责任制

人货两用电梯操作员安全责任制

1. 遵守国家法令，学习熟悉安全生产操作规程，执行上级安全规章制度和规范要求。

2. 遵守执行电梯装载货物限量规定和人员限位标准，不准货物超载和超员。

3. 人货两用电梯操作员必须经专门培训部门培训合格后持证上岗。

4. 拒绝货物超载和人员超员，如劝阻无效，应停止开机，立即汇报上级处理。

5. 上岗前进行试车，并做好试车记录，发现隐患立即报告上级，派员整改维修；严禁带病运转，以免危及安全。

6. 执行交接班制度，办理交接班手续和有关事项，做好记录并签好名。

四、总分包的安全责任

1. 总包单位的安全职责

总包单位的安全职责

1. 项目经理是项目安全生产的第一负责人，必须认真贯彻执行国家和地方有关安全法规、规范、标准，严格按文明安全工地标准组织施工生产。确保实现安全控制指标和实现文明安全工地达标计划。

2. 建立健全安全生产保证体系，根据安全生产组织标准和工程规模设置安全生产机构，配备安全检查人员，并设置 5 ~ 7 人（含分包）的安全生产委员会或安全生产领导小组，定期召开会议（每月不少于一次），负责对本工程项目安全生产工作的重大事项及时作出决策。组织督促检查实施，并将分包的安全人员纳入总包管理，统一活动。

3. 在编制、审批施工组织设计或施工方案和冬雨期施工措施时，必须同时编制、审批安全技术措施，如改变原方案时必须重新报批，并经常检查措施、方案的执行情况，对于无措施、无交底或针对性不强的，不准组织施工。

4. 工程项目经理部的有关负责人、施工管理人员、特种作业人员必须经当地政府安全培训、年审取得资格证书、证件的才有资格上岗，凡在培训、考核范围内未取得安全资格的施工管理人员、特种作业人员不准直接组织施工管理和从事特种作业。

5. 强化安全教育，除对全员进行安全技术知识和安全意识教育外，要强化分包新入场人员的“三级安全教育”，教育面必须达到 100%，经教育培训考核合格，做到持证上岗，同时要坚持转场和调换工种的安全教育，并做好记录、登记建档工作。

6. 根据工程进度情况除进行不定期、季节性的安全检查外，工程项目经理部每半月由项目执行经理组织一次检查，每周由安全部门组织各分包进行专业（或全面）检查。对查到的隐患，责成分包和有关人员立即或限期进行消项整改。

7. 工程项目部（总包方）与分包方应在工程实施之前或进场的同时及时签订含有明确安全目标和职责条款划分的经营（管理）合同或协议书，当不能按期签订时，必须签订临时安全协议。

8. 根据工程进展情况和分包进场时间，应分别签订年度或一次性的安全生产责任书或责任状，做到总分包在安全管理上责任划分明确，有奖有罚。

9. 项目部有权限期责令分包将不能尽责的施工管理人员调离本工程，重新配备符合总包要求的施工管理人员。

10. 项目部实行“总包方统一管理，分包方各负其责”的施工现场管理体制，负责对发包方、分包和上级各部门或政府部门的综合协调管理工作。工程项目经理对施工现场的管理工作负全面领导责任。

2. 分包单位的安全职责

分包单位的安全职责

1. 分包的项目经理、主管副经理是安全生产管理工作的第一责任人，必须认真贯彻执行总包要求执行的有关规定、标准和有关决定、指示，按总包的要求组织施工。

2. 建立健全安全保证体系。根据安全生产组织标准设置安全机构，配备安全检查人员，每 50 人要配备一名专职安全人员，不足 50 人的要设兼职安全人员。

并接受工程项目安全部门的业务管理。

3. 分包在编制分包项目或单项作业的施工方案或冬雨期施工方案措施时，必须同时编制安全消防技术措施，并经总包审批后方可实施，如改变原方案时必须重新报批。

4. 分包必须执行逐级安全技术交底制度和班、组长班前安全讲话制度，并跟踪检查管理。

5. 分包必须按规定执行安全防护设施、设备验收制度，并履行书面验收手续，建档存查。

6. 分包必须接受总包及其上级主管部门的各种安全检查并接受奖罚。在生产例会上应先检查、汇报安全生产情况。在施工生产过程中切实把好安全教育、检查、措施、交底、防护、文明、验收七关，做到预防为主。

7. 强化安全教育，除对全体施工人员进行经常性的安全教育外，对新入场人员必须进行三级安全教育培训，做到持证上岗，同时要坚持转场和调换工种的安全教育；特种作业人员必须经过专业安全技术培训考核，持有效证件上岗。

8. 分包必须按总包的要求实行重点劳动防护用品定点厂家产品采购、使用制度，对个人劳动防护用品实行定期、定量供应制。并严格按规定要求佩戴。

9. 凡因分包单位管理不严而发生的因工伤亡事故，所造成的一切经济损失及后果由分包单位自负。

10. 发生伤亡及未遂事故，保护好现场，做好伤者抢救工作，并立即上报有关领导。

3. 业主指定分包单位的安全职责

业主指定分包单位的安全职责

1. 必须具备与分包工程相应的企业资质，并具备《建筑施工企业安全资格认可证》。

2. 履行与总包和业主签订的总分包合同及《安全管理责任书》中的有关安全生产条款。

3. 对分包范围内的安全生产负责，对所辖职工的身体健康负责，为职工提供安全的作业环境，自带设备与手持电动工具的安全装置齐全、灵敏可靠。

4. 建立健全安全生产管理机构，配备安全员；接受总包的监督、协调和指导，实现总包的安全生产目标。

5. 独立完成安全技术措施方案的编制、审核和审批；对自行施工范围内的安全措施、设施进行验收。

6. 自行完成所辖职工的合法用工手续。

7. 自行开展总包规定的各项安全活动。

4. 交叉施工（作业）的安全责任

交叉施工（作业）的安全责任

1. 总包和分包的工程项目负责人，对工程项目中的交叉施工（作业）负总的指挥、领导责任，总包对分包，分包对分项承包单位或施工队伍，要加强安全消防管理，科学组织交叉施工，在没有针对性的书面技术交底、方案和可靠防护措施的情况下，禁止上下交叉施工作业，防止和避免发生事故。

①经营部门在签订总分包合同或协议书中应有安全消防责任划分内容，明确各方的安全责任。

②计划部门在制订施工计划时，将交叉施工. 问题纳入施工计划，应优先考虑。

③工程调度部门应掌握交叉施工情况，加强各分包之间交叉施工的调度管理，确保安全的情况下协调交叉施工中的有关问题。

④安全部门对各分包单位实行监督、检查，要求各分包单位在施工中必须严格执行总包方的有关规定、标准、措施等，协助领导与分包单位签订安全消防责任状，并提出奖罚意见，同时对违章进行交叉作业的施工单位给予经济处罚。

2. 总包与分包、分包与分项外包的项目工程负责人，除在签署合同或协议中明确交叉施工（作业）各方的责任外，还应签订安全消防协议书或责任状，划分交叉施工中各方的责任区和各方的安全消防责任，同时应建立责任区及安全设施的交接和验收手续。

3. 交叉施工作业上部施工单位应为下部施工人员提供可靠的隔离防护措施，确保下部施工作业人员的安全，在隔离防护设施未完善之前，下部施工作业人员不得进行施工，隔离防护设施完善后，经过上下方责任人和有关人员进行验收合格后才能施工作业。

4. 工程项目或分包的施工管理人员在交叉施工之前对交叉施工的各方作出明确的安全责任交底，各方必须在交底后组织施工作业，安全责任交底中应对各方的安全消防责任、安全责任区的划分、安全防护设施的标准、维护等内容提出明确要求，并经常检查执行情况。

5. 交叉施工作业中的隔离防护设施及其他安全防护设施由安全责任方提供，当安全责任方因故无法提供防护设施时，可由非责任方提供，责任方负责日常维护和支付租赁费用。

6. 交叉施工作业中的隔离防护设施及其他安全防护设施的完善和可靠性由责任方负责，由于隔离防护设施或安全防护存在缺陷而导致的人身伤害及设备、设施、料具的损失责任。由责任方承担。

7. 工程项目或施工区域出现交叉施工作业安全责任不清或安全责任区划分不明确时，总包和分包方应积极主动地进行协调和管理，各分包单位之间进行交叉施工，其各方应积极主动配合。在责任不清、意见不统一时由总包的工程项目负责人或工程调度部门出面协调、管理。

8. 在交叉施工作业中防护设施完善验收后，非责任方不经总包、分包或有关责任方同意不准任意改动（如电梯井门、护栏、安全网、坑洞口盖板等），因施工作业必须改动时。写出书面报告，需经总、分包和有关责任方同意，才准改动，但必须采取相应的防护措施，工作完成或下班后必须恢复原状，否则非责任方负一切后果责任。

9. 电气焊割作业严禁与油漆、喷漆、防水、木工等进行交叉作业，在工序安排上应先焊割等明火作业。如果必须先进行油漆，防水作业，施工管理人员在确认排除有燃爆可能的情况下，再安排电气焊割作业。

10. 凡进总包施工现场的各分包单位或施工队伍，必须严格执行总包所执行的标准、规定、条例、办法，按标准化文明安全工地组织施工，对于不按总包要求组织施工，现场管理混乱、隐患严重、影响文明安全工地整体达标的或给交叉施工作业的其他单位造成不安全问题的分包单位或施工队伍，总包有权给予经济处罚或终止合同，清出现场。

5. 安全责任制考核

安全责任制考核

为明确项目管理人员在施工生产活动中应负的安全职责，进一步贯彻落实安全生产责任制，特对项目部管理人员安全生产责任制实行定期考核。

1. 考核对象：项目经理、项目总施工员、项目技术负责人、项目安全员、项目材料员、各班组长等。

2. 公司安全科每季度对项目经理进行考核。

3. 项目经理每月对项目部各管理人员及分包单位负责人进行考核。

4. 考核人及考核期：

（1）公司（分公司）负责考核项目经理，每季度考核一次。

（2）项目经理负责考核项目总施工员、项目技术负责人、项目安全员、项目质量员、项目材料员、各班组长等，每月考核一次。

5. 考核形式：采用考核表评分形式。

6. 考核评价：考核分值满分为 100 分，分项检查表无零分，汇总表得分在 80 分及以上为优良，分项检查评分表无零分，汇总表得分在 80 分以下，70 分及以上为合格；当有一分项检查评分表为零分或汇总表得分不足 70 分为不合格。

五、安全生产教育制度

安全教育培训制度

安全教育培训制度

1. 新工人必须经过三级安全教育（公司、项目部、班组），并必须经考试合格、登记入卡方可参加施工。

2. 特殊工种必须经过安全培训，考试合格后持证上岗作业。

3. 工人变换工种，须进行新工种的安全技术教育并记录入卡方可参加施工。

4. 三级教育的时间为公司级不少于 15 小时，项目部不少于 15 小时，班组级不少于 20 小时。

5. 定期轮训各级管理人员和安全管理人员，每年至少一至二次，不断提高安全意识和技术素质，提高政策业务水平。

6. 安全教育的内容是：安全生产思想教育，从加强思想路线方针、政策和劳动纪律两个方面进行安全知识教育，主要从企业的基本生产概况、施工工艺方法、危险区、危险部位及各类不安全因素和有关安全生产防护的基本知识入手；安全技能教育，是结合各种专业特点，实施安全操作、规范操作的技能培训，使其熟悉掌握本工种安全操作技术；事故教育，可以使其从事故教训中吸取有益的东西，可预防类似事故的发生；法制教育可以激发人们自觉地遵纪守法，杜绝各类违章指挥、违章作业行为，这类教育可以定期或不定期地实施。在开展教育活动中，必须结合先进的典型事例进行正面教育，以利取长补短保障安全生产。安全教育要求体现“六性”，即全员性、全面性、针对性以及成效性、发展性、经常性。

7. 要开展好主管部门及本公司布置的各项安全生产活动，如“百日安全生产活动”、“安全月”、“安全周”等竞赛活动，使安全生产警钟长鸣，防患于未然。同时还可以根据施工生产的特点实施好“五抓”的安全教育，即工程突击赶任务时，工程接近收尾时，施工条件好时，季节气候变化时，节假日前后时这五个环节必须抓紧教育。

8. 教育培训形式。安全教育、培训可以根据各自的特点，采取多种形式进行。如设培训班、上安全课、安全知识讲座、报告会、智力竞赛、图片展、书画剪贴、电视片、黑板报、墙报、简报、通报、广播等，使教育培训形象生动。

六、防火管理责任制

1. 消防负责人防火责任制

消防负责人防火责任制

1. 责任人认真执行有关消防法规，贯彻“预防为主、防消结合”的方针，以“隐患险于明火，防范胜于救灾，责任重于泰山”为警示，实行防火安全责任制，若在施工过程中发生消防事故，由责任人承担所有责任。

2. 责任人领导施工区域的消防管理工作，负责与地方政府消防管理部门联系，监督、检查、指导消防管理工作，第一负责人对消防工作负全面责任。

3. 责任区的每个施工人员都有维护消防安全、保护消防设施、预防火灾、报告火警的义务。任何人员不得损坏或者擅自挪用、拆除、停用消防设施和器材，不得埋压、圈占消火栓，不得占用防火间距，不得堵塞消防通道。

4. 拟订项目经理部及义务消防队的消防工作计划。

5. 配备灭火器材，落实定期维护、保养措施，改善防火条件，开展消防安全检查，及时消除火险隐患。

6. 管理本工地的义务消防队和灭火训练。

7. 对职工进行消防安全教育，组织消防知识学习，使职工懂得安全动火、用电和其他防火、灭火常识，增强职工消防意识和自防自救能力。

8. 组织火灾自救，保护火灾现场，协助火灾原因调查。

2. 义务消防队防火责任制

义务消防队防火责任制

1. 模范地遵守和贯彻本单位的防火制度，对违反者进行劝阻。

2. 了解本单位的防火措施，定期进行检查。发现不安全因素立即解决，并向领导汇报。

3. 经常维修、保养消防器材设备，保证完好可用，并根据本单位的实际情况需要报请领导添置各种消防器材。

4. 组织消防业务学习和技术操练，提高消防业务水平。

5. 组织队员轮流值勤。

6. 协助领导制定本单位灭火的应急预案。发生火警立即启动应急预案，实施灭火与抢救工作。协助有关部门调查起火原因，提出改进措施。

7. 积极参加本地区的消防联防活动。

8. 全员达到“三懂三会”，即：懂得防火知识，会报火警；懂得消防器材的性能和使用方法，会使用灭火器材；懂得灭火知识，会扑救初起火灾。

3. 现场电工防火责任制

现场电工防火责任制

1. 电工必须持安全生产监察局核发的《电工安全操作证》上岗操作。

2. 要按照有关规范安装检修电气线路和电器设备。

3. 配合技术人员正确计算配电线路负荷，配线正确，对配电线路指定专人负责和维修，不得擅自增加用电设备，不得随便乱装乱用。

4. 严禁使用铜丝、铁丝代替熔丝，按容量正确选用熔丝。

5. 要经常检查电气设备运行情况，对超负荷和擅自加大熔丝容量等隐患，及时向有关部门提出整改意见。

6. 积极主动向用电人员宣传安全用电常识，组织职工进行电气知识讲座，制止违章用电行为。

7. 配电箱（柜）应保持清洁，箱（柜）内不准存放易燃物品与其他材料和工具。

8. 要掌握排除电气故障的方法，并会使用灭火器扑灭电气火灾。

4. 焊工防火责任制

焊工防火责任制

1. 焊工要有焊、割工种消防专业培训合格证，实习员没有正式焊工在场指导，不准从事焊、割作业。

2. 凡属一、二、三级动火审批范围的焊、割作业，未办理动火审批手续和落实防火、防爆措施之前，不准焊、割。

3. 不了解焊、割现场和周围的安全情况，不准焊、割。不了解焊、割件内部是否安全时，不准焊、割。

4. 盛装过可燃、易燃气体、液体的各种容器、管道、仓间、罐柜等，未经清洗和测爆，没有安全保障时，不准焊、割。

5. 在用可燃材料作保温、冷却、隔声、隔热、装饰的部位，未采取切实可靠的防火安全措施，不准焊、割。

6. 有压力或密封的容器、管道，不准焊、割。

7. 焊割部位附近堆有易燃、易爆物品，在未做好彻底清理或采取切实有效的措施之前，不准焊、割。

8. 因火星飞溅、导体传热和感应能引起焊割部位毗连的物体、建筑物爆炸的，未采取安全措施，不准焊、割。

9. 有与明火作业相抵触的情况，不准焊、割。

5. 木工防火责任制

木工防火责任制

1. 禁止在木工间和木工作业场所吸烟。

2. 禁止在木工间使用明火。

3. 在操作各种木工机械前，仔细检查电器设备是否完好。

4. 在工作完毕和下班时，清理场地，将木屑、刨花堆放到安全地点，并切断电源，关闭门窗

5. 要积极参加消防活动，掌握防火灭火知识。

6. 爱护消防器材，不得挪作他用或随意损坏。

6. 油漆工防火责任制

油漆工防火责任制

1. 油漆工应熟知各种油漆的火灾、爆炸危险性和防火规定。

2. 油漆、喷漆工作间及作业现场严禁烟火。

3. 禁止乱倒剩余漆料溶剂。

4. 随领随用油漆溶剂，剩料要及时加盖，注意储存安全。

5. 经常清除工作场地的油漆沉积物，并要注意工作场地的通风。

7. 仓库管理人员防火责任制

仓库管理人员防火责任制

1. 不准携带火种入库。

2. 不准在库房内使用电加热器具和燃气具。

3. 不准在库房内设置办公室和工作间。

4. 不准在库房内架设临时电线和使用60W以上的白炽灯，使用有镇流器的灯具，应将镇流器安装在库房外。

5. 不准在库房内存放仓库人员使用的油棉纱、油手套等物品。

6. 库内物品应按不同的品种、规格堆放整齐，距离照明设备须留出50cm高度，通道保持畅通。

7. 要将各类物资分类、限额存放；堆放的物资留出顶、灯、墙、柱、堆等防火间距。

8. 认真检查物资堆放安全情况，离开仓库时切断电源，并关闭门窗。

9. 掌握储存物资性质和防火灭火知识，发现火灾后能熟练使用灭火器材，及时扑救。

10. 对易燃物品要经常检查，保持库内气温正常。

第 6 章　标志的使用

6.1　标志的制作、安装与更换

标识的具体表现形式是多种多样的：有以文字、图形、声音、图像、光电等方式，通过木材、金属、塑料、橡胶、纺织品、纸品、液晶显示屏等媒介实现表达目的。

标识通常以牌匾、球体、柱体等形体表现，表现形态也有固态、气态、液态和光电投影等多种，现代标识已经发展到由多种表现方式通过多种媒介组合来实现表达目的，而这其中尤以牌匾的形式最为普遍。

标牌以材质分：有木质牌（分实木、仿木）、金属牌（铜、铁、铝、锡、钛金、不锈钢及合金）、有机牌、混合牌、发光牌（如霓虹灯、LED 光源牌、吸塑牌、导光牌）、纺织品牌和纸品牌以及各类新型材料等。

标牌以区域分：有户外标牌（如小区指示牌、交通标牌、公益看牌）、户内标牌。

标牌以功能分：有指示导向牌、工业铭牌、证卡牌、奖牌、奖章、胸牌等。

在建筑学的专业中，标识尤为重要。例如一个城市要有其自身的标识，可以是某个建筑，又或者是特殊的景观等。

下面以交通标志牌为例，介绍标志牌的制作、安装及更换。

6.1.1　标志牌的制作、安装

1. 标志牌安装流程

施工区域交通管制→施工放样→基础施工→标志标牌加工制作→现场安装（立柱→横梁安装→面板安装）→现场清理、撤离。

2. 施工放样

安装的标志应与交通流方向几乎成直角（按设计或计算确定），在曲线路段，标志的设置应由交通流的行进方向来确定。

3. 标志基础

（1）基坑采用人工辅以小型机具开挖。现浇混凝土时，大型基础混凝土模采用钢模拼装，小型基础可不立模板，基底承载力应满足要求。

（2）立模、钢筋制安应符合设计与规范规定，预埋的地脚螺栓和底法兰盘位置要正确。浇筑混凝土时，应保证底法兰盘标高正确，保持水平，地脚螺栓保持垂直。

（3）浇筑好的混凝土基础应进行养护，安装支柱前完成基坑回填夯实。

4. 立柱制作、安装

（1）严格按设计文件要求选购材料，所有钢板（管）按设计文件要求必须有材质证明，经监理工程师验收方可加工。

（2）钢材按设计文件尺寸进行切割，型材用气割切割，钢板用轨道式切割机切割，切割好的钢材，用打磨机打磨，需拼接的部位，一定要切割成焊口。

（3）焊条必须选用设计文件及国标要求的材料，焊缝厚度必须达到设计文件要求，焊好后材料应检查焊缝厚度及平滑度。

（4）将焊好的结构进行酸洗处理，必须洗干净，以确保除锈的彻底性。

（5）将酸洗处理的铁件，浸放在热镀锌槽中，镀锌要均匀，必须保证镀锌厚度。

（6）将镀完锌的支柱用麻绳包好存放或运到工地。

（7）支柱须待混凝土基础强度达设计 75% 以上时方可安装。

（8）支柱通过法兰盘与基础连接。清理完底法兰盘和地脚螺栓后，立直支柱，在拧紧螺栓前应调整好方向和垂直度，最后拧紧地脚螺栓。悬臂梁可在安装支柱前与支柱拼装完后一起安装。

5. 标志牌制作、安装

（1）严格按设计文件要求先取材料，所有材料必须附有材质证明。标志结构、标志板加工制作必须正确，字符、图案颜色必须准确。

（2）铝板按尺寸及技术要求进行剪切，弯边用弯边机弯边，用铝铆钉进行铆接，然后将铝板洗干净并保持干燥，最后用粘膜机将底膜贴在铝板上，再按设计文件要求的字、图，将其用转移纸贴在底膜上，将贴好反光膜的标志牌包装分类存放在干燥的房内。

（3）支柱安装并校正好后，即可安装标志牌。滑动螺栓通过加强筋中的滑槽穿入，通过包箍把标志板固定在支柱上。

（4）标志板安装完成后应进行板面平整度调整和安装角度调整。

（5）标志牌安装完毕后应进行板面清扫，在清扫过程中，不应损坏标志面或产生其他缺陷。

6.1.2 更换标志牌施工方法

1. 拆除损坏标志标牌

用扳手和铁钳把螺丝扭松，取出损坏的交通标志标牌，必要时电焊机配合作业。如果标志标牌悬挂较高应采用吊车、移动升降机配合作业。取下的标志标牌统一堆放，集中运走。

2. 安装新的标志标牌

（1）把新的标牌按原来的位置（新的标志标牌按新的设计位置安装）复位，穿上螺栓并拧上螺丝，但螺丝不能拧紧，以便调校标志标牌的倾斜角度和方位角度。

（2）用水平尺调校标牌的倾斜度和方位角，要求标牌水平、视觉符合行车要求。待标志标牌调校好后再将螺丝拧紧固定。

3. 清理现场

将取下的废弃标志标牌集中用车运离，并将现场清理干净。拆除标牌后的废弃基础应考虑安全、美观等因素加以处理，拆除出来的标牌上部结构应尽可能的加以利用。

6.2　载体与版面布置

在建筑工程技术发展日新月异的今天，施工场地总体规划与布置也将出现崭新的一面，解决施工总体布置的关键因素就是施工现场的总体规划，施工组织设计最重要的内容就是总体布置在施工现场施工期间的空间规划。同时为了体现企业的形象，进行文明施工，还要做好施工现场的标识。

6.2.1　标志的设置要求

标志的设置要求如下：

（1）安全标志应设在与安全有关的醒目位置，且应使进入现场的人员有足够的时间注视其所表示的内容。

（2）标志牌不宜设在门、窗、架等可移动的物体上，标志牌前不得放置妨碍认读的障碍物。

（3）安全标志设置的高度，宜与人眼的视线高度相一致；专用标志的设置高度应视现场情况确定，但不宜低于人眼的视线高度。采用悬挂式和柱式的标志的下缘距地面的高度不宜小于2m。

（4）标志的平面与视线夹角宜接近90°，观察者位于最大观察距离时，最小夹角不宜低于75°。

（5）施工现场安全标志的类型、数量应根据危险部位的性质，分别设置不同的安全标志。

（6）下列危险部位应设置安全标志：

① 通道口。

② 预留洞口。

③ 楼梯口。

④ 电梯井口。

⑤ 基坑边沿。

⑥ 爆破物存放处。

⑦ 有害危险气体和液体存放处。

（7）多个安全标志在同一处设置时，应按禁止、警告、指令、提示类型的顺序，先左后右，先上后下地排列。

（8）标志的设置不得影响建筑工程施工、通行安全和紧急疏散。

（9）标志在露天设置时，应防止日照、风、雨、雹等自然因素对标志的破坏和影响。

（10）标志材料应采用坚固、安全、环保、耐用、不褪色的材料制作，不宜使用易变形、易变质或易燃的材料。有触电危险的作业场所应使用绝缘材料。

（11）施工现场涉及紧急电话、消防设备、疏散等标志应采用主动发光或照明式标志，其他标志宜采用主动发光或照明式标志。

(12) 标志设置应便于回收和重复使用。

6.2.2 载体与版面布置

标志的载体可根据标志的种类选用下列形式:

(1) 牌、板、带:将信息镶嵌、粘贴在平面上,可固定在多种场所。

(2) 灯箱:在箱体内部安装照明灯具,通过内部光线的透射显示箱体表面的信息,宜用于安全标志和导向标志。

(3) 电子显示器(屏):利用电子设备,滚动标志发布信息,宜用于名称标志。

(4) 涂料:用涂料将信息直接喷涂在地面或其他表面,宜用于标线。

标志载体的尺寸规格应根据施工现场和标志的功能确定,尺寸规格不宜繁多。

标志的版面布置应简洁美观,导向明确,无歧义。

同类标志宜采用同一类型的标志版面。设置同一支撑结构上的同类标志应采用同一高度和边框尺寸。

6.3 材料要求

6.3.1 材料选择要求

随着现代科技越来越发达,标识标牌设计师为了满足不同客户的需要,在设计标识标牌时选用不同的材料。材料的不同会体现出不同的时代风格及不同的理念,也对标识的施工结构、经济预算产生了重大影响。

视觉导向标识设计是一个纯正的物化过程,设计师必须对装饰材料的物理化学性能有足够深入的了解和较强的控制能力。必须探求材料的内部规律,熟知"材料的强度、硬度、延伸性、收缩度、防潮、防锈、防腐、防蛀性能,吸尘、自洁、氧化、老化、风蚀等特性",了解并创造出与各种装饰材料相适应的加工工艺,如雕刻工艺、漆艺、木工艺、捆扎工艺、浇铸成型工艺、焊接工艺、镶嵌工艺、粘接工艺等,科学地制作加工,才能将设计概念物化于材料当中。

视觉导向标识在装饰材料的选择和运用方面,要注意以下几点。

1. 安全性

导向标识是关系公众人群安危和稳定的公共服务设施,对其材料安全性的要求是多方面的。譬如,离地安装的标识要考虑材料的重量及建筑物的承重能力;一些特殊的场合要考虑受众的因素,如,儿童乐园、幼儿园应尽量避免使用易碎、尖锐凸起的材质,温和的木材、塑料较为适合;再如,游泳场馆地面湿滑易引起摔倒,为避免导向标识的不慎伤人,应尽量使用质软、平坦且有一定摩擦力的材料,如木材。

2. 搭配协调性

不同的材料具有不同的物理化学特性,如不同程度的热胀冷缩、耐久性及使用寿命等,当选择两种或多种材料搭配使用于同一标识时，要周密考虑组合材料间的内部协调性问题。有些标识会因为组合材料的热胀冷缩程度不同而导致脱落，有些标识会因为局部材料的“短命”而造成整体缺损等，可见选择科学、合理的材料搭配方式直接关系着导向标识的经久耐用性和安全牢固性。此外，还要考虑材料间的连接方式及材质构造与安装方式的协调性问题。

3. 环境适用性

导向标识对构成材料的要求随环境空间的差异而不尽相同。如开放性的旅游环境，标识应充分考虑耐用性、人流量等因素而选用坚固耐用的材料，以免游人非理性的使用而轻易造成损坏；相对理性的办公环境中，标识则可选用质地精良的材料，还可添置光源、声像媒介等。同时，地理环境也不容忽视，地理位置不同，气候相差甚远，如我国南方地区，多雨湿热，标识的选材及工艺应充分考虑防潮防高温等耐候性因素。

6.3.2　标志标牌材料的分类

标识材料是标识制作、标牌制作的必备，也是标识标牌作品呈现的主要载体。近年来，标识制作技术迅速发展，热转印标牌机发明以后，使热转印技术的应用范围延伸到标识标牌制作领域，为标识行业注入了新的活力。在日常制作使用中，常用的标识材料主要有以下几种：

（1）木质材料。木质标识材料被广泛用于园林、动物园、公园等一些旅游风景区，给人的感觉自然亲切、传统回归。

（2）金属材料。在现代标识制作、标识设计行业中的应用十分广泛，常用的金属标识材料、标牌材料主要有铝合金板、不锈钢板、钛金板、冷板、铜板等。

（3）石材。石材用作标识材料、标牌材料有很多优势，因此使用也很广泛，不容易受自然条件的损坏，使用寿命长，其石材表现的肌理效果非常好，风格独特，文化味道浓郁。

（4）电子科技标识材料。最常见、应用最广泛的是霓虹灯和LED光源，可以表现出丰富的色彩，晚上效果最好；还有一些利用发光材料制作的标识，白天夜间效果都很好，时代感强；电子显示屏也是常用的标识材料之一。

（5）合成材料。常见的有亚克力板、玻璃钢、铝塑板、PVC板、阳光板、弗龙板等，个性新颖，时尚感强，施工结构简单，材料成本也不高。

6.3.3　标志牌各部件材料要求

1. 标志底板

（1）铝合金板的化学成分、冷轧板材牌号、规格、力学性能、尺寸及允许偏差应符合GB3190、GB3880、GB3194的规定。

（2）铝合金板用于标志板时，其最小厚度不应小于3mm。

2. 标志面

标志面材料主要性能应符合表6-1的要求。

标志面材料主要性能一览表 表6-1

性能名称	评价指标	参考标准
色度性能	标志面颜色等	GB5768 JT/T 279
光度性能	反光膜正常态、湿状态逆反射系数等	
耐候性能	外观特征、尺寸、形状、颜色等	
耐盐雾腐蚀性能	外观特征、尺寸、形状等	
抗冲击性能	外观特征等	
耐高低温性能	外观特征等	
标志面与标志底板的附着性能	剥离长度等	
油墨与反光膜的附着性能	附着牢度等	

3. 结构件

（1）同一块标志板上，标志底板、标志面及结构件（包括支撑件和紧固件等）所采用的各种材料应具有兼容性，防止因电化作用，不同的热膨胀系数或其他化学反应等造成标志板的锈蚀或损坏。

（2）立柱采用的钢柱应进行防腐处理，立柱的防腐处理采用热浸镀锌方式。

（3）立柱防腐处理应符合钢结构工程规范 GB50205 的有关规定，其质量应符合 GB50221 中的有关要求。

（4）支撑件和连接件等钢构件须进行热浸镀锌、热浸镀铝等方式的防腐处理，其防腐层质量应符合 GB/T18226 的有关要求。

6.3.4 材料管理

（1）施工现场内各种料具应按施工平面布置图的指定位置存放，并分规格码放整齐、牢固，做到一头齐、一条线。砌块应成丁、成行，码放高度不得超过 1.80m，砂、石和其他散料应成堆，界限清楚，不混杂。

（2）合理制订用料计划，按计划进料。合理安排材料进场，不得在场外堆放施工材料，各种材料不得长期占用场地，各种废料必须及时处理。

（3）施工现场内的各种材料，依据材料性能妥善保管，采取必要的防雨、防潮、防晒、防冻、防火、防损坏等措施，贵重物品、易燃、易爆和有毒物品应及时入库，专库专管，加设明显标志，并建立严格的领、退料办理制度。

（4）砂、石和其他散料应随用随清，不留料底。水泥库内外散落灰必须及时清用，水泥袋认真打包、回收。施工现场剩余料具和容器要及时回收，堆放整齐，并及时清退。

（5）做到在搅拌机四周、拌料处及施工现场内无废弃砂浆和混凝土。运输道路和作业面落地灰要及时清理。砂浆、混凝土倒运时，应用容器或铺垫板。浇筑混凝土时，应采取防撒落措施。工人操作要做到活完料净脚下清。

钢材、木材等料具合理使用，长料不短用，优材不劣用。

节约用水、用电，消灭长流水和长明灯。

施工现场内的施工垃圾，应及时分拣，有使用价值的应回收、利用，废料应及时清运出场。

6.4　标志牌的维护

为保证施工期间，施工生产顺利进行，施工现场的安全管理、文明施工全面上水平，保持施工现场及周边生态环境和生活环境，施工现场周围企事业单位秩序、交通状况不受大的影响，各种地下及地面设施运转正常，制定施工现场维护措施，组织好现场的维护非常重要，它将为整个工程的顺利开展奠定坚实的基础。

施工现场标志标牌的维护，包括标志标牌的摆放、清洗、固定、扶正。

6.4.1　维护的基本内容

（1）标志标牌的摆放应严格按照安全设施的有关规定，划分各个施工区域。

（2）沥青路面及白色路面的施工不可避免会对标志牌带来污渍，定期进行标志标牌的清洗是施工前期必须完成的。如在清洗时，要检查其反光膜是否具有反光效果，颜色鲜艳，字体清晰等。

（3）标志标牌的固定。目前，标志标牌的固定均以半固定式为主，加以小砂袋固定，要防止车辆的快速行驶将一些标志牌带倒。

（4）标志标牌的扶正。应定时定人对施工各个区域内的标志进行步行巡查，发现问题及时整改。

（5）施工现场标志应保持颜色鲜明、清晰、持久，对于缺失、破损、变形、褪色和图形符号脱落等标志，应及时修整或更换。

（6）施工现场安全标志不得擅自拆除。

（7）对使用的标志应进行分类编号并登记归档。

（8）护栏、标志、标牌、高杆照明灯等构件及其施工机械设备装运时必须固定可靠、绑扎牢固，严禁人货混装和野蛮装卸。

（9）标牌基坑开挖后，需设置道路维修标志，夜间悬挂警示红灯，以防止行人、车辆误掉入坑内。

（10）标志支撑结构件及标牌、高杆照明灯杆起吊前，必须了解其重量、形状、起吊位置、使用吊具及捆绑情况，观察周围的地面及空间环境，严禁违章操作。

（11）安全标志牌至少每半年检查一次，如发现有破损、变形、褪色等不符合要求时应及时修整或更换。

（12）在修整或更换激光安全标志时应有临时的标志替换，以避免发生意外的伤害。

6.4.2 标志标牌的固定

1. 标志宜采用下列方式固定：

（1）悬挂（吸顶）：通过拉杆、吊杠等将标志上方与建筑物或其他结构物连接的设置方式。

（2）落地：将标志固定在地面或建筑物上面的设置方式。

（3）附着：采用钉挂、焊接、镶嵌、粘贴、喷涂等方法直接将标志的一面或几面固定在侧墙、物体、地面的设置方式。

（4）摆放：将标志直接放置在使用处的设置方式。

2. 悬挂和附着式的固定应稳固不倾斜，落地和摆放式的固定应牢固。

6.4.3 塑料标识标牌的日常维护

1. 粘着

若制品不慎破损，可使用 IPS 胶粘剂 / 粘合剂二氯甲烷类之胶粘剂或快干剂粘着。

2. 抛光

若制品被刮伤或表面磨损不很严重，则可尝试使用抛光机（或汽车打蜡机）装上布轮，沾适量液体抛光蜡，均匀打光即可改善。

3. 清洗

亚克力制品，若未经特殊处理或添加耐硬剂，则产品本身易磨损、刮伤。故对一般灰尘处理，可以用鸡毛掸或清水冲洗，再以软质布料擦拭。对表面油污的处置，可用软性洗洁剂加水，以软质布料擦洗之。

4. 打蜡

欲要产品光鲜亮丽，可使用液体抛光蜡，以软布均匀擦拭即可达到目的。

参考文献

[1] 李冬梅．建筑消防设施运行与维护管理．北京：气象出版社，2012.

[2] 孙景芝，韩永学．电气消防．北京：中国建筑工业出版社，2006.

[3] 叶刚．建筑施工安全手册．北京：金盾出版社，2010.

[4] 刘屹立，刘翌杰，刘庆山．建筑安装工程施工安全管理手册．北京：中国电力出版社，2012.

[5] 史冬．交通标志轻松学．重庆：重庆大学出版社，2012.

[6] 冯琪．施工现场标志牌大全．北京：中国建材工业出版社，2010.

[7] 本书编委会．施工现场管理标准制度范本 1000 例．北京：地震出版社，2007.

[8] 曹永刚．工程项目施工现场标志牌金典．武汉：华中科技大学出版社，2012.

[9] 北京地大安环科技发展有限公司，新编安全管理、安全色及安全标识知识.2009.

[10] 黄建平．标志创意设计 [M]. 上海：上海人民美术出版社，2006.

[11] 李道国．商标形象的视觉设计 [M]. 南京：东南大学出版社，2006.